ERLEBNIS NATUR

Mein großes Outdoor-Wissensbuch

wissen · bestimmen · erleben

Feryal Kanbay

kids compact via

compact via ist ein Imprint der Compact Verlag GmbH

Text: Feryal Kanbay
Illustrationen: Doris Weigl (S. 8, 16, 17, 18, 19, 24, 26, 27, 38, 44, 45, 57, 58, 59, 61, 75, 76, 77, 79, 92, 93, 94, 95, 96, 99, 109, 110, 111, 125, 127, 128, 137, 138, 142, 143, 148, 149, 150)
Chefredaktion: Evelyn Boos
Redaktion: Elena Bruns, Felicitas Zahner
Produktion: Johannes Buchmann
Abbildungen: siehe Bildnachweis Seite 158
Titelabbildungen: www.fotolia.de: Christophe Fouquin (großes Bild), FK-Lichtbilder (1. v. l.), Yuri Arcurs (2. v. l.), emmi (3. v. l.), Marzanna Syncerz (4. v. l.), guukaa (Klemmbrett), Kokhanchikov (Kompass), Eric Isselée (h.)
Gestaltung: ekh Werbeagentur GbR
Umschlaggestaltung: ekh Werbeagentur GbR

ISBN 978-3-8174-9132-2
381749132/1

www.compact-via.de

→ Vorwort

Liebe Naturforscherin, lieber Naturforscher,

die Natur ist voller Abenteuer und wartet nur darauf, von dir entdeckt zu werden. Werde zu einem richtigen Naturdetektiv und erkunde die Tier- und Pflanzenwelt in deiner Umgebung! Wo lebt der Dachs? Wieso quaken Frösche? Warum tragen Pilze einen Hut? Und woher hat die Lachmöwe ihren Namen? In diesem spannenden Naturführer findest du Antworten auf all diese und viele weitere Fragen.

Damit du dich leichter im Buch zurechtfindest, haben wir jedes Kapitel in drei Teile unterteilt. Zuerst – im Abschnitt **wissen** – bekommst du viele nützliche und interessante Informationen zu einem bestimmten Thema, wie zum Beispiel Vögel, Säugetiere oder Blumen. Im Teil **bestimmen** erfährst du, woran du die einzelnen Tiere und Pflanzen kinderleicht erkennen und wo du sie finden kannst. Der dritte Teil – **erleben** – bietet schließlich jede Menge Spiel, Spaß und Abenteuer mit und in der Natur! Hier bekommst du viele Tipps für tolle Unternehmungen, Ideen für Basteleien und Experimente sowie Rezepte für leckere Gerichte.

Am Ende des Buches kannst du in einem Naturquiz dein Wissen testen. Wenn du einmal ein Wort nicht kennst, schaue im Glossar nach. Hier findest du Erklärungen zu allen schwierigen Begriffen. Willst du etwas zu einem bestimmten Tier oder einer speziellen Pflanze erfahren, dann schlage im Register nach, auf welcher Seite du etwas darüber nachlesen kannst.

Wenn du dann ein richtiger Naturforscher geworden bist, findest du hinten im Buch zur Belohnung einen Survival-Pass zum Ausschneiden und Aufhängen.

Bist du bereit für das Abenteuer Natur?
Dann viel Spaß beim Lesen und Entdecken!

Vorwort

Inhaltsverzeichnis

Bastel- und Erlebnistipps

Welche Lebensräume gibt es?

Die Oberfläche unserer Erde ist zu mehr als zwei Dritteln von Meeren bedeckt. Den Rest bilden Landmassen. Die verschiedenen Erdteile haben oft unterschiedliche Landschaften, die Lebensraum für die verschiedensten Pflanzen und Tiere bieten.

Im Wald gibt es viel zu entdecken.

Lage und Klima

Welche Arten von Lebensräumen sich in einer Region befinden, wird durch die geografische Lage und das Klima bestimmt. Mitteleuropa hat ein gemäßigtes Klima mit unterschiedlichen Jahreszeiten. Daher sind bei uns heute Wälder und Wiesen die vorherrschenden Lebensräume. Außerdem wechseln sich Gebirge und Hügellandschaften mit Ebenen ab.

Raus in die Natur

Um die verschiedenen Lebensräume zu entdecken, musst du nicht unbedingt weite Wege gehen. Denn das Abenteuer Natur beginnt gleich vor der Haustür: im eigenen Garten. Auch die Stadt mit ihren Parks, Plätzen und Hinterhöfen bietet vielen Tieren und Pflanzen gute Lebensbedingungen, sodass du gleich auf Entdeckungsreise gehen kannst. Wenn du Wiesen und Felder, Wälder, Gebirge sowie Seen, Flüsse und das Meer als Lebensraum erforschen möchtest, musst du schon richtige Wanderungen unternehmen.

Warst du auch schon einmal im Gebirge?

Auf Entdeckungsreise

Bei ausgedehnten Wanderungen solltest du immer die richtige Ausrüstung dabeihaben. Je nachdem, welchen Lebensraum du erforschen möchtest, brauchst du oft unterschiedliche Dinge. Aber einen Kompass, eine Karte, warme und regendichte Kleidung sowie etwas Proviant solltest du immer mitnehmen!

Habt ihr auch einen Garten, in dem du die Natur genießen kannst?

Im Garten

Viele Menschen haben einen Garten und können dort die Natur erleben und genießen. In naturnahen Gärten, also dort, wo viele heimische Pflanzen wachsen, gibt es eine Vielfalt an Tieren. Denn Wildpflanzen bieten ihnen Nahrung und Unterschlupf. In einem kaum naturbelassenen Garten hingegen finden nur wenige Tiere ideale Lebensbedingungen.

Schmetterlinge anlocken

Mit Blumen und Kräutern kannst du Schmetterlinge sogar auf den Balkon locken. Sie lieben nämlich süßen Blütennektar. Außer Blumen fliegen sie besonders gern blühenden Lavendel, Thymian, Salbei und Rosmarin an.

Auf dem Balkon kannst du auch Schmetterlinge beobachten.

Auf Balkon und Terrasse

Wenn ihr keinen Garten habt, aber einen Balkon oder eine Terrasse, kannst du die Natur ebenfalls hautnah erleben. Viele Tiere sind an die Nähe des Menschen gewöhnt und kommen sogar auf den Balkon, wenn dort ihre Lieblingspflanzen wachsen. Auch mancher Käfer krabbelt gern auf Balkonpflanzen und nagt deren Blätter an – nicht immer zur Freude der Menschen! Sogar Spinnen wagen sich heran, wenn sie reichlich Insekten zum Futtern finden.

Wenn du ganz viel Glück hast, nistet vielleicht sogar einmal ein Vogel auf deinem Balkon.

Dein eigener Naturgarten

Wenn ihr keinen Naturgarten habt, kannst du eine Ecke im Garten etwas wilder gestalten, zum Beispiel einige Wiesenblumen aussäen, Unkräuter wie Brennnesseln einfach nicht rupfen und einige Zweige zu einem Haufen schichten. Schon bald werden sich viele Insekten und Vögel in deinem Garten einfinden.

Auf der grünen Wiese

Auf einer Wiese wachsen vor allem Gräser, aber auch viele Blumen. Besonders farbenprächtig sehen Wiesen aus, wenn außer Gräsern auch Kräuter und andere blühende Pflanzen wachsen. Auf einer solchen bunten Wiese findest du auch die meisten Tierarten. Hier fühlen sich vor allem Insekten wie Käfer, Bienen und Schmetterlinge wohl, aber auch zahlreiche Vögel und Säugetiere. Solche Wiesen werden zwei- bis dreimal im Jahr gemäht oder eingezäunt, damit das Vieh darauf grasen kann.

Auf Blumenwiesen gibt es viel zu erforschen.

Moorpflanzen

Vorsicht beim Beobachten!

Wenn du das Tierleben auf einer Wiese beobachten möchtest, solltest du vorsichtig sein und die Pflanzen nicht platt trampeln. Oft gibt es einen kleinen Weg, wo du eine gute Aussicht hast. Sonst bleibst du am Wiesenrand und betrachtest die Tiere von dort aus.

Moor und Heide

Flächen mit einem kargen, sandigen Boden, der sich für Ackerbau und Viehzucht kaum eignet, nennt man Heide. Hier wachsen vor allem Heidegewächse, Kiefern und Birken. Die Heide beginnt oft an den Rändern von Mooren. Das sind nasse Lebensräume, wo das Wasser am Grund nur schwer abfließen kann. Dadurch ist der Moorboden arm an Sauerstoff, sodass abgestorbene Pflanzen nicht vollständig verrotten. Auf Moorböden können nur bestimmte Pflanzen wachsen, zum Beispiel Torfmoos oder auch der Sonnentau, eine fleischfressende Pflanze.

Auf Äckern und Feldern stören Bauern die Tiere.

Auf dem Feld

Felder sind immer von Menschen bewirtschaftete Flächen. Bauern pflügen, säen und ernten vom Frühjahr bis zum Herbst. Ackerbau wird schon ziemlich lange betrieben. Vor rund 10.000 Jahren haben Menschen angefangen, Getreide und Gemüse anzubauen. Deshalb können Tiere auf dem Ackerland nicht ungestört leben. So findest du die meisten Arten am Feldrand und in Hecken, die man zwischen den Feldern als Abgrenzung und Windschutz anpflanzt.

Im Wald

Bei uns gibt es immer noch große Waldgebiete, meist mit Laub-, Misch- und Nadelwäldern. Wälder sind für das Klima wichtig und bieten vielen Tieren Nahrung und Schutz. Der Wald besteht aber nicht nur aus hohen Bäumen, sondern auch aus vielerlei anderen Pflanzen. Sie alle bilden verschiedene Schichten.

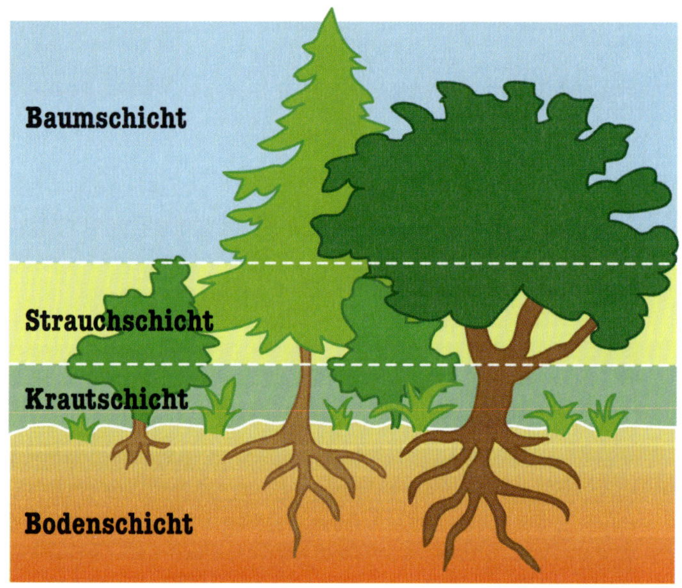

Aufbau des Waldes

Aufbau des Waldes

Du musst dir den Wald wie ein Haus mit vielen Stockwerken vorstellen. Sie entstehen durch die unterschiedliche Höhe der Pflanzen und werden von verschiedenen Tieren bewohnt. Das „Erdgeschoss“ nennt man Bodenschicht. Darauf folgt die Krautschicht, die den „ersten Stock“ bildet. Die Strauchschicht ist das „zweite Stockwerk“ und die Baumschicht das „Dachgeschoss“.

Auch in Bächen findest du viele Tiere, die du beobachten kannst.

An Bach, Weiher und See

Ohne Wasser gibt es kein Leben. Glücklicherweise ist es aber nahezu überall auf unserem Planeten vorhanden. Als Regen oder Schnee fällt es auf die Erde und bildet Teiche und Seen. Oder es fließt in Form von Bächen und Flüssen. Diese Gewässer und ihre Ufer sind wertvolle Lebensräume, in denen nicht nur viele Tiere ausreichend Nahrung und Unterschlupf finden. Auch viele Pflanzen besiedeln fließende und stehende Gewässer sowie deren Ufer.

Am Meer leben Seehunde.

Am Meer

Wir nennen unseren Planeten Erde, obwohl seine Oberfläche zu mehr als zwei Dritteln von Meeren bedeckt ist. Außer den gewaltigen Ozeanen – Atlantik und Pazifik – gibt es auch kleinere Randmeere wie die Nord- und Ostsee, die unsere Küsten umgeben. Die Meere und ihre Küsten sind voller Leben.

Ebbe und Flut

Große Meere haben Perioden mit hohem und Perioden mit niedrigem Wasserstand. Während der Flut steigt das Wasser und während der Ebbe sinkt es.

Auf ins Gebirge!

Eine Gruppe von Bergen nennt man Gebirge. Bis zu einer Höhe von etwa 2000 Metern findest du dichte Bergwälder. Doch ab dieser Höhe wird die Landschaft karger. Und je höher du kommst, desto weniger Pflanzen kannst du sehen. Im Gipfelbereich gibt es nur noch Felsen, Schnee und Eis.

Je höher du im Gebirge kommst, desto weniger Pflanzen wachsen dort.

Blütenpflanzen

Es gibt zahlreiche Blütenpflanzen, die auch im Gebirge wachsen – sogar in Höhen von über 3000 Metern. Da in den Bergen die Winter strenger sind und länger dauern, blühen sie aber später und bilden eher Samen aus als in den Ebenen – denn der nächste Winter kommt schnell!

Über der Waldgrenze

In einem Bergwald wachsen Laub- und Nadelbäume. Doch je höher du hinaufgehst, desto seltener werden die Laubbäume. Und ab ungefähr 2000 Metern gibt es auch keine Nadelbäume mehr. Wo der Bergwald aufhört, findest du nur noch Büsche und strauchartig wachsende Bäume – zum Beispiel die Latschenkiefer. Diesen Bereich nennt man Krummholzgürtel. Er liegt bis zu 400 Meter über der Waldgrenze.

Im Garten

Gartenpflanzen
In einem Garten siehst du meistens viele Blumen, Sträucher sowie Zier- und Obstbäume. Oft ist auch ein Rasen oder eine kleine Wiese vorhanden, wo Gräser, Kräuter oder Wildblumen wachsen. Wer Platz hat, kann auch einen Gemüsegarten anlegen. Dort kannst du dann eigenes Gemüse, zum Beispiel Möhren, Kohlrabi, Tomaten, Zucchini und Salat anbauen.

Gartentiere
Viele Gartentiere leben im oder auf dem Boden, zum Beispiel Insektenlarven, Tausendfüßer, Asseln und natürlich Regenwürmer, die für einen gesunden Boden sorgen. Nicht sehr beliebt sind Schnecken. Oft richten sie Schäden an, weil sie eine Vorliebe für zarte Blätter haben. Die meisten kleinen Bodenbewohner sind Nahrungsgrundlage für viele größere Tiere, zum Beispiel Igel, Hausspitzmaus oder Maulwurf.

Blaumeisen kannst du öfter im Garten beobachten.

Kein Garten ohne Vögel
In einem Garten mit vielen Sträuchern und Bäumen fühlen sich auch Vögel sehr wohl. Im Dickicht der Sträucher oder in den Baumkronen bauen sie ihre Nester. Im Garten findest du häufig Amseln, Blaumeisen, Kohlmeisen, Rotkehlchen, Buchfinken und Spatzen.

Im Garten lebt der Maulwurf.

So einen Zitronenfalter hast du sicherlich auch schon einmal gesehen.

Schwirren in der Luft
Wenn im Frühjahr die ersten Blumen blühen, sind die Bienen, Hummeln und Wespen auch schon da. Sie fliegen von Blüte zu Blüte und sammeln Pollen und naschen Nektar. Ab dem Spätfrühling kommen die herrlich bunten Schmetterlinge hinzu, wie zum Beispiel das Tagpfauenauge, der Zitronenfalter oder der Admiral.

Im Netz der Spinne
Viele Spinnenarten fühlen sich in Gärten wohl. Zwischen Stängeln und Blättern bauen sie ihre Netze und lauern auf Insekten. Eine der häufigsten heimischen Spinnen ist die Gartenkreuzspinne.

Auf Wiesen und Feldern

Am Rand von Kornfeldern wachsen häufig Mohnblumen.

Pflanzen

Gräser sind die typischen Wiesenpflanzen. Doch auf Wiesen wachsen auch viele Wildblumen und Kräuter. Für bunte Wiesen sorgen vor allem Gänseblümchen, Löwenzahn und Kleearten. Auf Ackerflächen wird hauptsächlich Getreide – Weizen, Roggen, Hafer, Gerste – angebaut. Am Rand von Kornfeldern wachsen auch Mohn und Kornblumen.

Insekten wie der Grashüpfer fühlen sich auf Wiesen wohl.

Paradies für Insekten

Bienen und Hummeln fliegen Wildblumen an und sammeln Pollen und Nektar, um den Nachwuchs damit zu versorgen. Auch Käfer wie der Goldlaufkäfer, Grashüpfer und Grillen fühlen sich auf blütenreichen Wiesen wohl. Zu den häufigen Wiesenschmetterlingen gehören Bläulinge und Edelfalter wie zum Beispiel das Große Ochsenauge.

Tiere auf Feldern und Äckern

Weil Tiere auf Feldern und Äckern nicht ungestört leben können, ziehen sie sich lieber an den Ackerrand und in die Hecken zurück. Dort fühlen sich der Feldhase, die Feldmaus und der Feldhamster wohl, weil sie genug Futter und Versteckmöglichkeiten finden. Am Feldrand kannst du außerdem häufig Rehe beobachten. Ein weiterer typischer Bewohner ist die Feldlerche, die ihr Nest oft auf dem Ackerboden baut.

Ein Feldhamster hat seinen Bau verlassen.

Größere Wiesenbewohner

Wiesen bieten auch vielen Vögeln den idealen Lebensraum. Bei einem Spaziergang über die grünen Wiesen kannst du Vögel wie den Wiesenpieper, die Goldammer oder den Kiebitz antreffen. Auch Säugetiere wie Mäuse, Wildkaninchen und Wiesel sind typische Wiesenbewohner.

Weißstorch

Der Weißstorch baut sein Nest zwar auf Hausdächern oder Kirchtürmen, aber seine Nahrung sucht er auf Wiesen. Er stakst auf langen roten Beinen durch das Gras und stößt mit dem spitzen Schnabel zu, wenn er ein Beutetier – zum Beispiel eine Maus, einen Regenwurm oder ein Insekt – entdeckt.

Im Wald

Blick in einen Laubwald

Säugetiere

Im Wald leben zum Beispiel das Eichhörnchen, der Baummarder oder Fledermäuse. Auch die Haselmaus, der Baumschläfer, der Rothirsch, das Reh oder das Wildschwein fühlen sich hier zu Hause. Igel und Mäuse finden im Wald ebenfalls Unterschlupf und Nahrung.

Vögel

Vögel wie Spechte oder Eulen hast du sicher schon einmal im Wald gesehen. Im Dickicht am Waldrand bauen auch viele andere Vögel, zum Beispiel der Neuntöter oder die Dorngrasmücke, ihre Nester. Ihr Nachwuchs ist durch die Dornen vieler Sträucher vor Feinden gut geschützt.

Bäume und Sträucher

Wenn du vom Wald sprichst, denkst du sicher sofort an Bäume – in Laubwäldern an Eiche, Buche, Ahorn, Esche oder Ulme, in Nadelwäldern an Fichte und Tanne. Unterhalb der hohen Bäume findest du aber auch Sträucher wie die Haselnuss, den Holunder, Weißdorn oder Himbeere und Brombeere.

Der Uhu ist eine Eulenart.

Am Waldboden kannst du Schlüsselblumen entdecken.

Insekten und Co.

In Bodennähe kannst du vor allem Schmetterlinge und ihre Raupen, Bienen, Wespen und Käfer beobachten. Hier finden sie reichlich Nahrung. Direkt am Boden tummeln sich Asseln, Laufkäfer, Wanzen, Spinnen und Schnecken.

Blumen und Kräuter

Die Blütenpflanzen des Waldes sind zum Beispiel Schlüsselblumen, Leberblümchen und Veilchen. Diese blühen, noch bevor die Blätter an den Bäumen erscheinen. Auch Bärlauch bedeckt im Frühjahr den Waldboden. Je dichter das Laub wird, desto dunkler wird es im Wald. Daher findest du im Sommer nur noch Schattenblumen wie Waldglockenblumen und Waldmeister. Am Boden wachsen vor allem Moose, Flechten und Pilze.

Gut getarnt

Die Tierkinder des Waldes, zum Beispiel Rehkitze und Frischlinge, tragen oft ein bräunliches Fell mit hellen Flecken oder Streifen. Durch diese Muster sind die Jungtiere im Unterholz gut getarnt und vor Feinden geschützt.

An Bach, Weiher und See

Pflanzen an Bächen und Flüssen
Im Uferbereich von Bächen und kleinen Flüssen findest du viele Pflanzen, darunter die Sumpfdotterblume, die Sumpfschwertlilie und Gräser wie Wollgras. In fließenden Gewässern wachsen beispielsweise auch Brunnenkresse oder Flutender Hahnenfuß.

Seerosen treiben auf dem Wasser.

Eine Stockentenmutter mit ihren Jungen

Pflanzen an Seen und Weihern
Am Ufer findest du Rohrkolben und Schilf. Bunte Blüten bilden der Blutweiderich und die Sumpfschwertlilie. Auf dem Wasser treiben die großen Blätter von See- oder Teichrosen, die in der Sonne ihre schönen Blüten öffnen. Die kleinen Blättchen der Wasserlinse überziehen die Wasseroberfläche wie ein dichter Teppich. Im Wasser wachsen Pflanzen wie das Tausendblatt oder die Wasserpest.

Eine Spinne im Wasser
Die Wasserspinne ist die einzige Spinnenart, die ihr ganzes Leben unter Wasser verbringt. Sie befestigt ihr Netz an Wasserpflanzen. Danach holt sie Luftblasen von der Wasseroberfläche und befestigt sie an ihrem Netz, bis eine Luftglocke entstanden ist. Der Luftvorrat der Glocke muss dann ständig erneuert werden.

Tiere an Weihern und Seen
Im Uferbereich kannst du Vögel wie den Teichrohrsänger beobachten. Auf dem Wasser siehst du zum Beispiel Stockenten und Schwäne. Im und am Wasser leben Frösche. Teichmuscheln und Wasserschnecken leben auf dem Grund. Fische wie der Dreistachelige Stichling ziehen ihre Runden. Auch Insekten wie der Gelbrandkäfer und der Wasserläufer fühlen sich im und auf dem Wasser wohl. Und über der Wasseroberfläche schwirren viele Libellen durch die Luft.

Ein Eisvogel hat einen Fisch erwischt.

Tiere an Bächen und Flüssen
Hier kannst du Insekten wie Eintagsfliegen oder Steinfliegen antreffen. Vielleicht hast du auch schon einmal einen Feuersalamander oder Fischotter gesehen. Wenn du Glück hast, kannst du einen Eisvogel beim Tauchvorgang beobachten. In einem Bach fühlen sich Fische wie zum Beispiel die Bachforelle wohl.

Im Meer und am Strand

Pflanzen
Es gibt eine Reihe von Pflanzen, die im Meer, am Strand, auf Sanddünen und auf Salzwiesen wachsen. Im Meer findest du zum Beispiel Meersalat und Blasentang. Am Strand gedeihen Pflanzen wie Meersenf und Strandquecke. Die Dünen sind sehr reich an Gewächsen wie Strandhafer, Krähenbeere und Stranddistel. Salzwiesen bilden die Grenze zwischen Land und Meer und werden häufig vom Meer überflutet. Dort wachsen Arten wie Queller, Strandaster oder Strandgrasnelke.

Hast du schon einmal eine Silbermöwe gesehen?

Strandhafer wächst auf Dünen.

Tiere am Meer
Die Strände sind reich an Wasservögeln. Hier fühlen sich zum Beispiel Austernfischer, Alpenstrandläufer, Brandgänse, Eiderenten, Küstenseeschwalben, Silbermöwen und Lachmöwen wohl.

Tiere im Meer
Zu den heimischen Meeressäugetieren zählen der Seehund und die Kegelrobbe. Sie verbringen viel Zeit im Wasser, ruhen sich aber zwischendurch immer wieder auf Sandbänken aus. Am Meeresgrund leben viele Muscheln, zum Beispiel Austern, Herzmuscheln und Miesmuscheln sowie Schnecken. Häufige Meeresbewohner sind auch Seesterne und Seeigel. Daneben fühlen sich Krebstiere wie der Einsiedlerkrebs und die Strandkrabbe im Wasser wohl. In den Meeren leben natürlich auch viele Fische, beispielsweise der Kabeljau, die Makrele, der Hering und die Scholle, aber auch Haie und Rochen.

Seehunde fühlen sich am Meer wohl.

Wattwürmer
Wenn du im Watt seltsame Häufchen siehst, ist der Wattwurm nicht weit. Er frisst sich durch den Sand. Dabei filtert er die darin enthaltenen Algen und Bakterien und scheidet den Rest als Sandhäufchen wieder aus.

Im Gebirge

Enzian kannst du im Gebirge finden.

Tiere im Gebirge
Die Alpen, unser höchstes Gebirge, bieten einer Reihe von Tieren einen Lebensraum. Hier fühlen sich Säugetiere wie der Steinbock, die Gämse, das Murmeltier und der Schneehase wohl. Zu den Vögeln des Gebirges zählt der Steinadler, der über die Gipfel kreist. Auch die Alpendohle, das Alpenschneehuhn und der Schneefink sind in den Bergen zu Hause. Sogar bunte Schmetterlinge wie der Apollofalter, der Alpenbläuling und der Admiral wagen sich bis ins Gebirge.

Pflanzen im Gebirge
Bis in 2000 Meter Höhe bilden Bäume dichte Bergwälder, die aus Laub- und Nadelbäumen bestehen. Je höher es wird, umso seltener werden Laubbäume und es gibt fast nur noch Kiefern und Lärchen. Ab 2000 Metern wachsen nur noch strauchartige Nadelhölzer wie die Latschenkiefer. Aber es gibt auch Blumen, die in größter Höhe wunderschön blühen, darunter das Edelweiß, der Enzian und das Alpenglöckchen, das noch unter der Schneedecke seine Blüten bildet. Da es im Gebirge sehr kalt und windig ist und die Winter sehr lange dauern, haben sich diese Pflanzen den harten Lebensbedingungen angepasst. So werden sie zum Beispiel nicht sehr hoch.

Zwei Alpenschneehühner

Der Trick mit dem Fell
Der Schneehase trägt im Winter ein weißes Fell. Das hat den Vorteil, dass er im Schnee bestens getarnt ist und von Feinden nicht wahrgenommen wird. Wenn es wieder wärmer wird und der Schnee schmilzt, fällt sein weißes Fell allmählich aus und er bekommt sein braunes Sommerfell. Dann sieht er dem Feldhasen ähnlich.

Spaß am Bach: Bastle dir ein Wasserrad

Das Spiel mit fließendem Wasser gehört zu den schönsten Erlebnissen, die du in der Natur haben kannst. Mit und im Wasser lässt sich nicht nur spielen, sondern auch experimentieren. An einem kleinen Bach kannst du zum Beispiel ein Wasserrad bauen. Mithilfe eines Erwachsenen ist es gar nicht schwer.

Du benötigst:

1 quadratisches Stück Vierkantholz (Würfel), das in der Mitte durchbohrt ist (Achse)
4 dünne Holzbretter oder Latten von Obstkisten als Schaufeln
3 Korken
1 Stricknadel
20 Nägel
Holzleim
Hammer
Messer
2 Astgabeln

1. Das Rad

Zuerst klebst du an jede Seite des Holzwürfels ein Brett und schlägst noch zusätzlich Nägel ein, um sie richtig zu befestigen.

2. Die Stricknadel

Dann schiebst du die Stricknadel durch das Loch des Würfels. Die Stricknadel sollte nicht im Loch feststecken, sondern sich noch locker bewegen lassen.

3. Die Korken

Nun schneidest du alle Korken in der Mitte durch. Mit je einer Korkenhälfte befestigst du die Nadel links und rechts am Holzwürfel-Rad, sodass sie nicht aus dem Würfel herausrutschen kann.

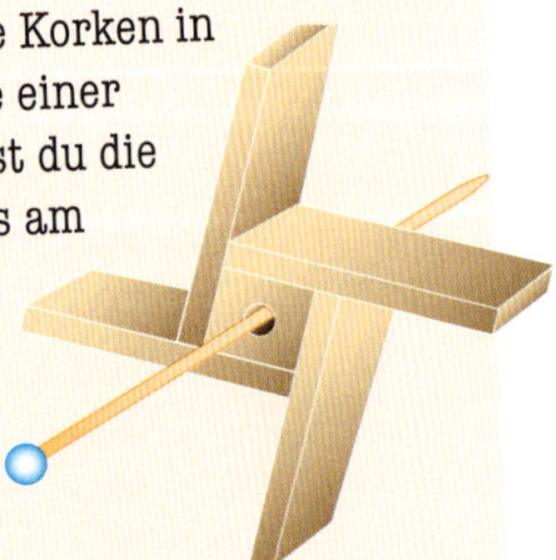

4. Endlich im Wasser!

Jetzt brauchst du dein Wasserrad nur noch im Wasser zu befestigen. Dazu benötigst du zwei stabile Astgabeln. Diese rammst du fest in den Bachgrund. Jetzt legst du die Stricknadel auf die Astgabeln. Zur Befestigung steckst du je eine Korkenscheibe links und rechts von der Astgabel auf die Nadel.

erleben

Spaß im Gebirge: Spiele mit Steinen

Im Gebirge gibt es viele Arten von Steinen, zum Beispiel geschliffene Kieselsteine, die du in Gebirgsbächen findest. Du kannst sie einfach sammeln und ausstellen. Oder du spielst Spiele mit Steinen – am besten zusammen mit deinen Freunden!

Du benötigst:
circa 20 unterschiedlich große Steine, die gleichmäßig geformt sein sollten

1. Ein Turm aus Steinen
Für dieses Spiel braucht ihr eine Menge unterschiedlich großer Steine, die ziemlich gleichmäßig geformt sind. Sonst lassen sie sich nicht gut aufschichten. Aus den Steinen baut ihr einen möglichst hohen Turm.

2. Die Wurflinie
Um diesen Turm herum markiert ihr einen Kreis, der etwa 50 Zentimeter Abstand zum Turm hat. Dazu könnt ihr ganz kleine Steine oder eine dünne Schnur nehmen. Oder ihr zeichnet die Linie mit einem Stock in den Kies oder die Erde. Ihr findet bestimmt die beste Möglichkeit, je nachdem, wo ihr spielt.

3. Das Spiel beginnt!
Jeder Spieler wirft von der Kreislinie aus mit einem kleinen Stein auf den Turm und versucht dabei den obersten Stein des Turms herunterzuwerfen, dann den nächsten und so weiter. Wichtig ist, dass bei einem Wurf immer nur ein Stein herunterfällt. Im Spiel werden nur diese Treffer gezählt. Wer am Ende die meisten Treffer hat, ist der Sieger.

Für Profis
Schwieriger wird es, wenn die Kreislinie einen größeren Abstand zum Turm hat. Je besser ihr werdet, desto weiter entfernt könnt ihr die Wurflinie ziehen.

Kochen mit Gemüse aus dem eigenen Garten

Du benötigst:
1 Paket frischen Blätterteig
400 g Zucchini
1 Zwiebel
1 rote Paprikaschote
30 g Butter
2–3 Stängel Dill
Salz
Pfeffer
3 Eier
75 g Joghurt

Gemüse ist gesund und man kann daraus viele leckere Gerichte kochen. Wenn ihr einen eigenen Gemüsegarten habt, kannst du Gemüse immer frisch ernten. Dann schmeckt es noch einmal so gut. Wie wäre es mit einer goldbraun gebackenen Zucchini-Quiche? Bei der Zubereitung brauchst du die Hilfe eines Erwachsenen!

1. Die ersten Schritte
Fette eine runde Auflaufform mit etwas Butter ein. Lege den ausgerollten Blätterteig so in die Form, dass ein Rand entsteht.

Wasche die Zucchini gründlich. Schneide sie in nicht zu kleine Würfel, die Zwiebel aber in ziemlich kleine Würfel. Lasse in einer Pfanne die Butter heiß werden und brate die Zwiebel- und Zucchiniwürfel darin kurz an. Schneide die Paprikaschote in ganz kleine Würfel, hacke den Dill fein und mische alles unter das Zucchini-Gemüse. Aber nicht mehr anbraten!

2. Gleich ist's fertig!
Verteile die Gemüsemasse über den Blätterteig. Schlage die Eier und den Joghurt mit einem Schneebesen, sodass alles gut vermischt ist. Würze die Masse kräftig mit Salz und Pfeffer und gieße sie über das Gemüse in der Auflaufform.

3. Das Backen
Heize den Backofen auf 180 Grad Celsius vor und backe die Quiche 30 bis 40 Minuten. Wenn die Oberfläche eine goldbraune Farbe annimmt, ist die Quiche fertig. Lasse sie etwa zehn Minuten ruhen und dann kannst du genießen!

Mit Käse überbacken
Wenn du ein Käsefan bist, kannst du über die Quiche etwas geriebenen Käse streuen. Aber erst ungefähr 15 Minuten, bevor sie fertig ist.

Warum gibt es Jahreszeiten?

Das Jahr wird in vier verschiedene Abschnitte eingeteilt, die man Jahreszeiten nennt. Doch warum gibt es Frühling, Sommer, Herbst und Winter?

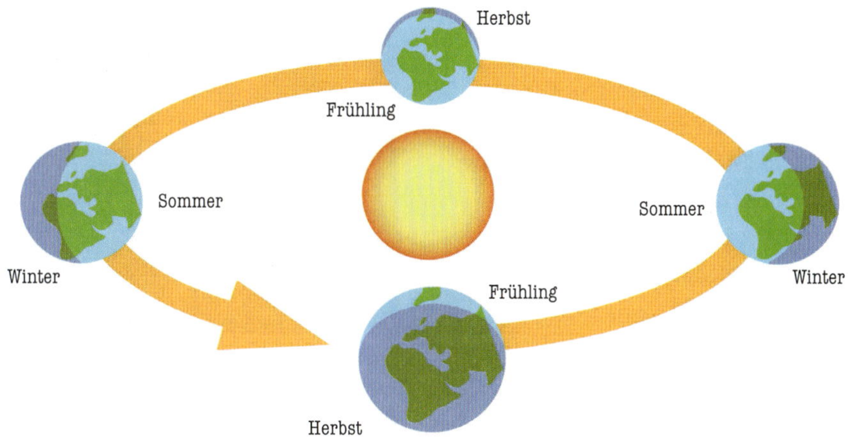

Die Sonne und die Erde
Innerhalb von 24 Stunden, also innerhalb eines Tages, dreht sich die Erde einmal um sich selbst. Innerhalb eines Jahres (365 Tage) dreht sich die Erde einmal komplett um die Sonne. Die Jahreszeiten entstehen, weil die Achse der Erde leicht zur Seite geneigt ist. Durch diese „Schieflage" ist immer entweder die nördliche oder die südliche Halbkugel etwas näher an der Sonne. Auf der Erdseite, die weiter von der Sonne entfernt ist, treffen die Sonnenstrahlen flacher auf der Erdoberfläche auf und haben deshalb weniger Kraft. Auf der sonnenabgewandten Seite der Erde ist es daher kälter und auch länger dunkel. Ist die Erde nach einem halben Jahr auf der anderen Seite der Sonne angekommen, ist ihre andere Hälfte näher an der Sonne. Auf der sonnenzugewandten Seite ist es wärmer und länger hell.

Im bunten Laub spielen macht Spaß.

Tag und Nacht
Da sich die Erde einmal in 24 Stunden um sich selbst dreht, wird immer nur eine Seite der Erdkugel von der Sonne beleuchtet. Hier ist Tag. Auf der von der Sonne abgewandten Seite ist es dagegen Nacht.

Die Süd- und Nordhalbkugel
Daher herrschen auf der Süd- und Nordhalbkugel jeweils die entgegengesetzten Jahreszeiten: Während auf der südlichen Hälfte Sommer ist, herrscht auf der Nordhalbkugel Winter und umgekehrt. Im Frühling und Herbst bekommen beide Erdhälften gleich viel Sonne ab.

Endlich wird es wieder wärmer – der Frühling ist da!

Sommertag am Strand

Vier Jahreszeiten
Die vier Jahreszeiten Frühling, Sommer, Herbst und Winter dauern jeweils drei Monate: Der Frühling umfasst März, April und Mai, der Sommer Juni, Juli und August, der Herbst September, Oktober und November und der Winter Dezember, Januar und Februar.

Lust auf eine Schneeballschlacht?

wissen

Der Frühling – die Natur erwacht

Nach dem Kalender beginnt der Frühling zwar am 21. März, aber wenn du die Natur beobachtest, siehst du, dass sie schon früher erwacht.

Die Pflanzenwelt im Frühling
Die Schneeglöckchen gehören zu den ersten Blumen, die ihre Köpfe durch die Schneedecke strecken. Wenn du ihre weißen nickenden Blüten siehst, weißt du: Es wird Frühling. Die Tage werden allmählich länger. Die Sonnenstrahlen haben jetzt mehr Kraft und wärmen den Boden. Jetzt haben die Frühjahrsblüher Saison und sorgen für Farbe in der Natur. Typische Frühjahrsblüher sind zum Beispiel Krokusse. Etwas später schieben die Hyazinthen ihre bunten Blütenkerzen aus der Erde. Bald blühen auch Narzissen und natürlich Tulpen. Wenn die Obstbäume, vor allem die Apfelbäume, blühen, hat der Frühling seinen Höhepunkt erreicht. Danach geht es allmählich auf den Sommer zu.

Frühlingsboten

Frühling auf dem Feld
Im Frühjahr bringt der Bauer die Saat für das Getreide und viele Feldfrüchte aus. Da sich die Erde jetzt erwärmt und es häufig regnet, keimen die Samen recht schnell und entwickeln sich zu neuen Pflanzen.

Tagpfauenauge auf einem Krokus

Auch die Haselmaus wird wieder munter.

Blühender Apfelbaum

Die Tierwelt im Frühling
Säugetiere, die Winterschlaf oder Winterruhe halten, werden im Frühjahr wieder munter. Der Igel verlässt seinen Unterschlupf, die Haselmaus turnt auf den Zweigen und sogar der Siebenschläfer, der eine richtige Schlafmütze ist, wird langsam wieder wach. Frösche, Kröten, Eidechsen und Schlangen, die den Winter in einer Kältestarre verbringen, lassen sich von der Sonne bescheinen. Die wechselwarmen Tiere müssen sich erst einmal aufwärmen, bevor sie aktiv werden. Auch in der Luft ist viel los: Bienen und Hummeln sowie einige Schmetterlinge fliegen von Blüte zu Blüte. Und auch die Vögel beginnen zu brüten.

bestimmen

Der Sommer – Zeit für Wachstum

In unseren Breiten ist der Sommer die wärmste Jahreszeit. Man unterscheidet Frühsommer, Hochsommer und Spätsommer.

Die Pflanzenwelt im Sommer

Im Frühsommer blühen vor allem bunte Blumen auf den Wiesen. Auf den Kornfeldern sind die Ähren schon hoch gewachsen und bilden Samenkörner, die später zu Mehl gemahlen werden. Auf den Erdbeerfeldern sind die süßen roten Früchte reif und können gepflückt werden. Im Garten ist es herrlich bunt, weil viele Sommerblumen ihre Blüten öffnen. Der Rasen muss regelmäßig gemäht werden, denn das Gras schießt rasch in die Höhe. Im Hochsommer werden auch Früchte wie zum Beispiel Kirschen reif. Auf den Feldern herrscht jetzt Hochbetrieb, denn das goldgelbe Getreide kann geerntet werden. Im Spätsommer reifen Obstsorten wie Pflaumen und Brombeeren.

Goldgelbes Kornfeld

Blütenpracht

Reiche Beute

Glühwürmchen

Wenn du an warmen Sommerabenden blinkende Lichter siehst, handelt es sich bestimmt um das Leuchten von Glühwürmchen. Die Weibchen sitzen auf den Pflanzen und geben Lichtsignale. Die Männchen antworten, indem sie zurückleuchten. Wenn die Partner sich gefunden haben, hören beide auf zu blinken.

Die Tierwelt im Sommer

Während des Sommers herrscht überall reges tierisches Treiben – Bienen und Schmetterlinge fliegen Blüten an, im Garten zwitschern die Vögel, auf der Wiese zirpen die Grillen und an Weiher und Teich schwirren Libellen umher. Die meisten Tiere kümmern sich jetzt um ihren Nachwuchs. Die Jungen müssen bald selbstständig werden, damit sie den nächsten Winter gut überstehen. Tiere, die Winterschlaf halten, fressen sich im Spätsommer Winterspeck an. Solche, die im Winter aktiv sind, wie das Eichhörnchen, verstecken bereits Nahrungsvorräte. Einige Zugvögel sind schon auf dem Weg in den Süden, andere bereiten sich noch auf die weite Reise vor.

Baden mit Mama

Der Herbst – das Jahr geht zu Ende

Wenn sich das Laub der Bäume allmählich gelb, orange oder braun färbt, wird es Herbst. Herbst bedeutet vor allem Erntezeit. Anfangs ist es meist noch sonnig und warm. Doch morgens und nachts wird es jetzt kühl und neblig. Der Sommer verabschiedet sich endgültig.

Herrlich gefärbtes Laub

Die Pflanzenwelt im Herbst

Im Herbst reifen vor allem Früchte wie Äpfel, Birnen, Weintrauben und Nüsse. Auf den Feldern werden Kartoffeln, Mais, Kürbis und anderes Gemüse geerntet. In Gärten und auf Wiesen sind die Sommerblumen langsam verblüht. Einige Herbstblüher wie Astern und Dahlien halten es noch bis zum ersten Frost aus. Die Blätter von Bäumen und Sträuchern, die bunt gefärbt sind, fallen nach und nach ab – die Äste werden immer kahler. Alle Pflanzen stellen das Wachstum bis zum nächsten Frühjahr ein.

Die Tierwelt im Herbst

Die letzten Zugvögel machen sich auf den Weg in den Süden, wo sie den Winter verbringen. Viele Säugetiere ziehen sich in ihre Baum- oder Erdhöhlen zurück, um dort Winterschlaf oder Winterruhe zu halten. Manche Vögel, die bei uns überwintern, aber auch Säugetiere, die sich im Winter nicht zur Ruhe begeben, haben ihre Wintervorräte angelegt und müssen später nicht hungern. Amphibien und Reptilien sind schon in ihren sicheren Verstecken und brauchen Eis und Schnee nicht zu fürchten. Es gibt kaum noch Insekten zu sehen, denn sie überwintern gut versteckt als Eier, Raupen oder ausgewachsene Tiere.

Apfelernte

Herbstfunde

Herbstzeit ist Kürbiszeit.

Der Winter – die Natur ruht

Der Winter ist bei uns die kälteste Jahreszeit. In diesen Monaten scheint die Sonne nicht sehr häufig – die Tage sind kurz, die Nächte lang. Die Natur liegt oft unter einer Schneedecke. Daher ist der Winter für die meisten Lebewesen eine Zeit der Ruhe.

Spuren im Schnee

Laubbäume haben ihre Blätter abgeworfen.

Die Pflanzenwelt im Winter

Während einige Pflanzen im Herbst absterben, speichern andere die im Sommer aufgenommene Energie in ihren unterirdischen Wurzeln, Zwiebeln oder Knollen. Auf diese Weise überstehen sie die kalte Jahreszeit. Einen guten Schutz vor Frost bietet vor allem die Schneedecke. Doch die Natur hat sich auch andere Tricks einfallen lassen, damit Pflanzen den Winter überstehen können. Laubbäume und -sträucher werfen ihre Blätter ab, damit sie kein Wasser verdunsten, das im Winter kaum zur Verfügung steht. Die Blätter der Nadelbäume sind mit einer Wachsschicht überzogen, außerdem sind sie sehr schmal und haben eine kleine Oberfläche. Dadurch wird im Winter sehr wenig Wasser verdunstet und Nadelbäume werfen ihre Blätter im Winter nicht ab.

Tipp

Solange es nicht schneit und keinen anhaltenden Frost gibt, finden Tiere meist genügend Nahrung. Deshalb sollten deine Eltern vertrocknete Pflanzenstängel und Samenstände im Garten nicht abschneiden.

Das Eichhörnchen hat im Herbst seine Nahrungsvorräte für den Winter vergraben.

Die Tierwelt im Winter

Tiere, die sich Winterspeck anfressen und in ein Versteck zur Ruhe begeben, überstehen den Winter meist unbeschadet. Viele unserer heimischen Vögel und Säugetiere bleiben aber auch in der kalten Jahreszeit aktiv. Wenn die Natur unter einer dicken Schneedecke liegt und es eisig kalt ist, brauchen die Tiere unsere Hilfe. Dann kannst du die Vögel im Garten füttern. Auch Waldtiere wie Hirsche und Rehe finden im Winter wenig Nahrung und werden vom Förster gefüttert.

Begehrter Apfel

bestimmen

Basteln im Herbst

Im Herbst macht man oft Waldspaziergänge. Wenn du dich genau umschaust, findest du viele Dinge auf dem Waldboden, aus denen du schöne Sachen basteln kannst. Sammle Blätter, Samenstände, Früchte und Zweige. Daraus könntest du zum Beispiel einen herbstlichen Türkranz basteln.

Du benötigst:
braunen Tonkarton
getrocknete größere Herbstblätter
bunte Beeren
1 Pinsel
1 Zirkel
1 Schere
Bastelkleber
naturfarbenen Bast

Und so geht's
Zeichne mit dem Zirkel einen kleinen Kreis (14 Zentimeter Durchmesser) auf den Karton. Darum herum zeichnest du einen größeren Kreis (20 Zentimeter Durchmesser). Schneide zuerst den äußeren Kreis aus, dann den inneren. So erhältst du einen Ring. Ordne die Blätter überlappend auf dem Pappring an und klebe sie auf. Befestige auf den Blättern die herbstlich bunten Beeren. Forme den Bast zu einer Schlaufe und klebe ihn auf der Rückseite des Türkranzes fest. Wenn der Klebstoff trocken ist, kannst du deinen Herbstkranz an der Tür aufhängen.

Herbstliche Fensterkette
Ebenso einfach zu basteln ist eine herbstliche Blätterkette. Dazu brauchst du: nicht zu große getrocknete Blätter, getrocknete Lampionfrüchte, Becher von Eicheln, kleine bunte Holzperlen, feinen Messingbasteldraht. Schneide vom Draht ein langes Stück ab. Biege ein Ende des Drahts zu einer Schlaufe und verdrehe es. Lasse einen bis zwei Zentimeter Abstand und wickle den Draht mehrmals um den Stiel eines Blatts. Lasse wiederum etwas Abstand und befestige einen Eichelbecher. Nach einem weiteren Blatt ziehst du den Draht durch eine Holzperle und wickelst ihn einmal darum, damit die Perle nicht verrutscht. Reihe so das Material aneinander, bis die Kette die gewünschte Länge hat.

Vögel im Winter richtig füttern

Wenn der Winter naht, fliegen viele Vögel in den wärmeren Süden. Doch einige unserer gefiederten Freunde bleiben zu Hause. Da sie aber im Winter in der Natur wenig Nahrung finden, füttern wir sie gerne. Das macht Spaß und wir können sie dabei aus nächster Nähe beobachten. Wenn du auch Vögel im Winter füttern möchtest, solltest du aber einige Punkte beachten, um den Vögeln nicht zu schaden.

Mit etwas Geduld kannst du den Vögeln ganz nah kommen.

1. Welches Futter?
Damit die Vögel das richtige Futter bekommen, musst du zwischen Weichfutterfressern und Körnerfressern unterscheiden. Weichfutterfresser wie zum Beispiel Rotkehlchen, Meise und Zaunkönig kannst du mit Rosinen, Obst, Haferflocken, Kleie und Meisenknödeln füttern. Körnerfresser wie Fink oder Spatz mögen Sonnenblumenkerne und Freiland-Futtermischungen. Nicht erlaubt ist gesalzene und gewürzte Nahrung wie Speck oder Essensreste. Ungekochte Teigwaren und Reis sowie Brot, das im Magen der Tiere aufquillt, sind ebenfalls tabu.

Die Amsel hat zum Schutz vor der Kälte ihr Gefieder aufgeplustert.

Hungriger Dompfaff

2. Richtig füttern
Wenn du den Vögeln wirklich helfen willst, darfst du sie erst bei Schnee und anhaltendem Frost füttern. Denn nun finden sie kaum Futter, verbrauchen aber trotzdem viel Energie, um ihre Körpertemperatur zu halten. Wenn du einmal mit der Winterfütterung angefangen hast, solltest du die Vögel auch weiterhin regelmäßig mit Futter versorgen.

Keiner da?

3. Fütterungszeiten
Die erste Mahlzeit wird früh am Morgen serviert, weil die Vögel nach dem Aufstehen Energie brauchen. Nachmittags bekommen Sie dann einen zweiten Gang, damit sie noch Zeit haben, um sich vor Einbruch der Dunkelheit satt zu fressen. Du solltest mit dem Füttern erst aufhören, wenn der strenge Winter vorbei ist.

Bastle eine Meisenglocke

Wenn du im Winter die Vögel in eurem Garten füttern möchtest, kannst du zum Beispiel eine Meisenglocke mit Futter aus Körnern, Beeren und Fett ganz einfach selbst herstellen. Lasse dir dabei von einem Erwachsenen helfen!

Du benötigst:
125 g Kokosfett
75 g Haferflocken
75 g gehackte Nüsse
75 g Weizenkleie
75 g Sonnenblumenkerne
75 g Rosinen
1 Esslöffel Pflanzenöl
1 alten Kochtopf
1 Tonblumentopf (10 cm Durchmesser)
1 geraden Zweig
Knetmasse
feste Schnur

1. Die Glocke vorbereiten

Stecke zuerst den Zweig durch das Loch des Blumentopfs. Das untere Zweigende sollte dabei ein gutes Stück aus der Öffnung des Blumentopfes herausragen. Daran können sich die Vögel später beim Fressen festhalten. Dichte das Loch am Boden des Topfes mit Knetmasse ab, damit später kein Fett ausläuft. Binde an das obere Ende des Zweigs eine Schnur zum Aufhängen und verknote sie.

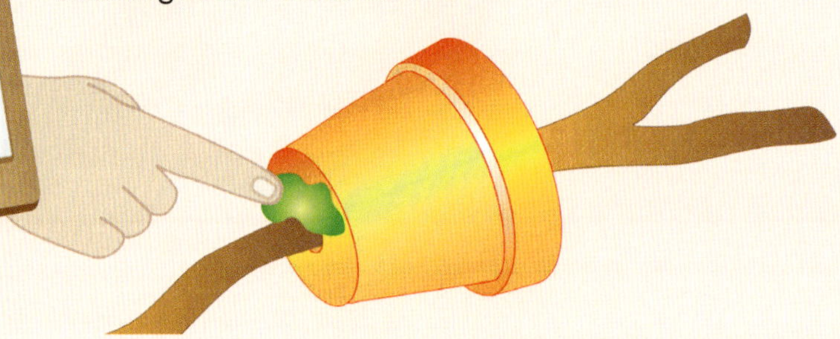

2. Die Futtermasse

Gib das Fett in einen Topf und zerlasse es auf dem Herd bei niedriger Temperatur. Sobald das Fett flüssig ist, gibst du das Körner-Flocken-Gemisch und das Pflanzenöl hinzu. Es verhindert, dass das Kokosfett bei Frost zu hart wird.

3. Einfüllen und aufhängen

Stelle den Blumentopf in ein hohes Glas. Nimm den Topf vom Herd und lasse die Futtermasse kurz abkühlen – sie darf aber nicht hart werden! Fülle die noch zähflüssige Mischung in den Blumentopf. Warte, bis das Fett vollständig ausgehärtet ist. Jetzt kannst du deine Meisenglocke im Garten an einem Baum aufhängen.

Ein Vogelhaus bauen

Du kannst den Vögeln auch ein Häuschen bauen, an das sie im Winter immer zum Fressen kommen. Dort kannst du sie prima beobachten! Lasse dir unbedingt von einem Erwachsenen helfen!

Mit einem Vogelhaus kannst du die Vögel im Winter füttern und beobachten.

Du benötigst:
2 gleich große Holzplatten (ungefähr 20 x 30 cm) für die Dachseiten
1 Holzplatte (circa 25 x 25 cm) für den Boden
2 Leisten (circa 25 x 3 cm)
Holzlasur
1 dicken Holzpfeiler
Werkzeug: Säge, Holzleim, Pinsel, Feile oder Schleifpapier zum Abrunden von Kanten
1 Erwachsenen zum Helfen

1. Das Dach
Lege dir zuerst die Platten zurecht. Die längeren Seiten der Dachplatten sind oben und unten, die kürzeren vorn und hinten. Leime zuerst die beiden Dachplatten an einer langen Seite oben im rechten Winkel zusammen.

2. Die Bodenplatte
Dann leimst du die Bodenplatte an den beiden Dachplatten fest, sodass die Dachenden circa zwei Zentimeter nach unten überstehen. Vorn und hinten sollte das Dach 2,5 Zentimeter vorstehen, damit es nicht so leicht hineinregnet. Damit hast du die Hauptarbeit geschafft.

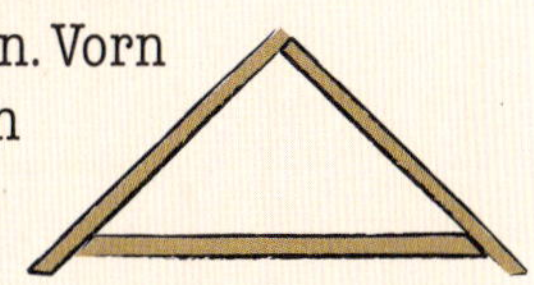

3. Die Leisten
Du sägst nun die beiden Leisten an ihren Enden schräg ab, sodass sie auf die offenen Seiten des Bodens passen, und leimst sie dort fest. Sie sorgen dafür, dass das Futter nicht herausfällt.

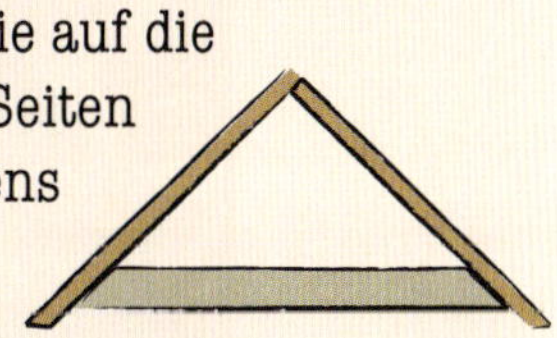

4. Die Feinarbeit
Danach rundest du alle scharfen Kanten mit der Feile oder dem Schleifpapier ab. Lasiere dann das Vogelhaus, damit es wetterfest wird, und lasse es trocknen. Stelle den Holzpfeiler im Garten auf und leime das Haus darauf fest. Das Einschlagen des Pfeilers in die Erde überlässt du am besten deinem erwachsenen Helfer.

5. Der Standort
Wichtig ist vor allem, dass der Futterplatz vor Regen und Schnee geschützt ist. Katzen sollten ebenfalls kein leichtes Spiel haben, das niedliche Federvieh beim Fressen anzugreifen.

Was du über Säugetiere wissen solltest

Säugetiere, zu denen auch wir Menschen zählen, sind die höchstentwickelten Wirbeltiere. Sie haben ein Skelett aus Knochen. Weil es so viele unterschiedliche Säugetiere gibt, haben Wissenschaftler sie in verschiedene Gruppen unterteilt. Einige davon sind: Raubtiere, Paarhufer, Hasenartige, Nagetiere, Insektenfresser, Fledertiere, Wale.

Merkmale
Alle Säugetiere haben gemeinsame Merkmale: Die Weibchen säugen ihre Jungen. Daher stammt auch der Name „Säugetier“. In der Regel tragen sie ein Haarkleid. Manche Tiere, wie zum Beispiel Wale, sind nur im Mutterleib behaart. Säugetiere sind Warmblüter, das heißt, ihre Körpertemperatur ist unabhängig von der Temperatur der Umgebung und bleibt immer gleich. Säugetiere atmen durch Lungen und ihr Gehirn ist sehr viel stärker entwickelt als bei allen anderen Tiergruppen.

Die kleinen Wildschweine werden von ihrer Mutter gesäugt.

Lebensweise und Aktivitäten
Viele Säugetierarten leben gesellig in kleineren oder größeren Gruppen. Andere wiederum sind Einzelgänger. Manche Arten sind nur am Tag aktiv, andere in der Dämmerung und Nacht. Es gibt auch Säugetiere, die sowohl am Tag als auch in der Nacht munter sind.

Wölfe leben und jagen im Rudel.

Winterzeit
Manche Säugetiere, zum Beispiel der Igel, verschlafen den Winter in einem Unterschlupf. Einige Arten halten nur eine Winterruhe, wie der Braunbär. Doch viele Arten legen sich einen dicken Winterpelz an und trotzen der kalten Jahreszeit – sie bleiben auch im Winter aktiv.

Verbreitung und Lebensraum
Säugetiere haben es nicht nur geschafft, alle Kontinente (Landsäuger) und alle Meere (Meeressäuger) zu besiedeln, sondern auch die Luft (Fledermäuse). Du findest sie im Flachland, im Hochgebirge, in gemäßigten Regionen, in Wüsten und in den Tropen. Manche Arten halten sogar die eisige Kälte der Arktis aus, nur in der Tiefsee und im Landesinneren der Antarktis kommen keine Säugetiere vor.

Igel verschlafen den Winter.

Ernährung

Als Warmblüter brauchen Säugetiere ziemlich viel Energie und müssen täglich eine Menge fressen. Manche Arten sind reine Vegetarier und ernähren sich nur von Pflanzen. Andere Säugetierarten dagegen sind reine Fleischfresser. Wieder andere nehmen fast alles zu sich, was sie finden können. Sie sind also Allesfresser. Daher ist das Säugetiergebiss den verschiedenen Ernährungsweisen der einzelnen Arten sehr genau angepasst.

Rehe gehören zu den reinen Pflanzenfressern.

Gämsen sind sehr gute Kletterer; steile Berghänge sind für sie kein Problem.

Vielfältiger Körperbau

Dir ist bestimmt schon aufgefallen, dass die Säugetiere sehr unterschiedliche Körperformen haben. Seit sie entstanden sind, haben sich Säugetiere immer wieder verändert, um sich den unterschiedlichsten Lebensräumen der Erde anzupassen. Wale haben sich zum Beispiel der Lebensweise im Wasser angepasst und eine ähnliche Körperform wie Fische entwickelt. Fledermäuse können hingegen wie Vögel aktiv fliegen und haben die Lüfte erobert. Auch die verschiedenen Landsäugetiere haben sich ihrer Umgebung angepasst. So besitzen viele Bewohner offener Landschaften, wo es kaum Verstecke gibt, sehr lange Beine, damit sie ihren Feinden besser entkommen können.

Winzig bis riesig

Die einzelnen Säugetierarten sind auch unterschiedlich groß. Das kleinste aller Säugetiere, die Schweinsnasenfledermaus, misst nur etwa drei Zentimeter und wird nur zwei Gramm schwer. Das größte aller Säugetiere, der Blauwal, kann dagegen 35 Meter lang werden und bis zu 140 Tonnen wiegen – das ist etwa so viel wie 30 Elefanten oder 160 Menschen!

Delfine haben sich komplett an das Leben unter Wasser angepasst.

Fortpflanzung der Säugetiere
Wissenschaftler gliedern die Säugetiere in drei Gruppen: Höhere Säugetiere, Beutelsäuger und Eierlegende Säugetiere oder Kloakentiere.

1. Die Gruppe der Höheren Säugetiere umfasst die meisten Arten. Die Weibchen bringen lebende, im Mutterleib voll entwickelte Junge zur Welt. Diese werden nach der Geburt gesäugt. Die Tragezeit und der Zeitraum, in dem die Jungen von der Mutter gesäugt werden, sind bei den einzelnen Arten unterschiedlich.

2. Beutelsäuger (zum Beispiel das Känguru) gebären ebenfalls lebende Junge, die aber winzig und noch nicht voll entwickelt sind. Gleich nach der Geburt wandern sie in den Beutel der Mutter und saugen sich dort an den Zitzen fest, um zu trinken. Sie verlassen den Beutel erst, wenn sie voll entwickelt sind.

Das Känguru-Baby wird von seiner Mutter im Beutel getragen.

Auch Koalas gehören zu den Beuteltieren.

3. Kloakentiere, zum Beispiel das Schnabeltier, sind sogenannte Ursäuger und haben eine Kloake. Das ist eine gemeinsame Öffnung für Ausscheidungs- und Fortpflanzungsorgane. Es klingt erstaunlich, aber diese Säugetiere bringen ihre Jungen nicht lebend zur Welt, sondern legen Eier! Sie ähneln Vogeleiern und werden von der Mutter etwa zehn Tage lang bebrütet. Die ausgeschlüpften Jungen sind nackt und ähneln neugeborenen Beutelsäugern. Sie werden gesäugt, bis sie selbstständig sind.

Heimat der Beutelsäuger
Beutelsäuger kannst du in Europa nur im Zoo sehen, denn sie kommen ausschließlich in Australien und Amerika vor. In Australien leben das Känguru und der Koala. Auch der Beutelteufel ist in Australien zu Hause. In Nord- und Südamerika leben verschiedene Beutelratten, darunter auch das Opossum.

Dachs

Merkmale
Der Dachs trägt eine schwarz-weiße Gesichtsmaske. Er hat einen massigen Körper, ziemlich kurze Beine und große Füße mit langen starken Krallen zum Graben.

Lebensraum
Der Dachs ist ein Waldbewohner. Da er nur nachts munter und ein sehr scheues Raubtier ist, bekommst du ihn in der Natur selten zu sehen. Mit seiner langen Schnauze kann er gut schnüffeln und in der Erde wühlen und dabei Regenwürmer herauspicken. Auch Beeren, Wurzeln, Insekten und junge Vögel lässt er sich schmecken.

Den Dachs erkennst du an seiner typischen Gesichtszeichnung.

Fortpflanzung
Die Dachsmutter bringt im Frühjahr zwei bis fünf Junge zur Welt, die etwa zwei Monate gesäugt werden. Die Jungdachse verlassen im Herbst den Bau und gründen eine eigene Familie.

Rotfuchs

Der Rotfuchs in seinem Revier

Merkmale
Der Rotfuchs ist auf dem Rücken rötlich gefärbt, am Bauch und an der Schnauze weiß. Typisch für ihn ist der dicke buschige und lange Schwanz. Er hat die gleiche Farbe wie das Fell und ist nur an der Spitze weiß oder dunkel gefärbt.

Lebensraum
Der dämmerungs- und nachtaktive Rotfuchs lebt in Wäldern, an Waldrändern und in Parks. Er bewohnt unterirdische Baue, die er oft selbst gräbt. Manchmal zieht er auch in leere Dachs- oder Kaninchenbaue ein. Der Allesfresser verspeist Mäuse, Regenwürmer, Heuschrecken, Vögel und Vogeleier, aber auch Früchte und Aas.

Fortpflanzung
Die Fuchsjungen kommen im Sommer zur Welt. Sie sind bei der Geburt noch sehr klein und blind. Doch nach vier Wochen machen sie schon die ersten Ausflüge. Mit fünf Monaten sind sie bereits erwachsen und verlassen die Mutter.

Rothirsch

Ein röhrender Hirsch

Merkmale
Der Rothirsch verdankt seinen Namen seinem kräftig rotbraunen Sommerfell. Im Winter färbt sich das Fell graubraun. Männliche Rothirsche tragen ein Geweih, das sie im Herbst abwerfen. Es wächst aber im nächsten Frühjahr wieder nach.

Lebensraum
Rothirsche bewohnen große Wälder mit Lichtungen. Sie werden gegen Abend aktiv, tagsüber verstecken sie sich lieber im Wald. Rothirsche sind gesellige Tiere und bilden nach Geschlechtern getrennte Rudel. Als Pflanzenfresser ernähren sie sich unter anderem von Gras, Früchten und Kräutern.

Fortpflanzung
Das Weibchen bringt meist ein Junges zur Welt. Es hat ein hell geflecktes Fell und kann schon nach ein paar Stunden auf seinen wackeligen Beinen umherlaufen. Erst mit zwei bis drei Jahren sind Rothirsche erwachsen.

Mächtiges Geweih
Das Rothirschgeweih besteht aus zwei Stangen, die sich zu mehreren Enden abzweigen. Je älter ein Rothirsch ist, umso mehr Enden hat das Geweih – bis zu 18 Enden. Das Geweih eines älteren Rothirsches kann bis zu 15 oder 25 Kilogramm wiegen.

Steinbock

Merkmale
Das Fell des Steinbocks ist im Sommer gelblich braun, im Winter graubraun. Beide Geschlechter tragen Hörner. Beim Männchen werden sie bis zu einem Meter lang, beim Weibchen nur etwa 30 Zentimeter. Die Männchen haben einen kleinen Kinnbart.

Nicht nur männliche Steinböcke tragen ein Geweih.

Lebensraum
Steinböcke findest du in den Alpen in 2500 bis 3500 Metern Höhe. Die Kletterkünstler fressen am frühen Morgen und abends Kräuter, Gras, Laub und frische Triebe von Sträuchern. Tagsüber ruhen sie meist. Außerhalb der Paarungszeit leben Männchen (Böcke) und Weibchen (Geißen) in getrennten Rudeln.

Fortpflanzung
Das Weibchen bringt meist nur ein Junges (Kitz) zur Welt, das schon nach wenigen Tagen der Mutter sogar auf Steilhänge folgen kann. Es wird sechs Monate gesäugt, danach ist es selbstständig.

Wildschwein

Wildschweine halten keinen Winterschlaf.

Merkmale
Das Wildschwein hat einen massigen Körper mit einem borstigen schwarzbraunen bis ockerfarbenen Fell. Die erwachsenen Männchen (Keiler) haben lange nach oben ragende Eckzähne, die man Hauer nennt. Die Eckzähne der Weibchen (Bachen) sind viel kürzer als die der Männchen.

Lebensraum
Wildschweine leben in Wäldern mit Wiesen sowie in Sumpfgebieten. Mit der langen Schnauze wühlen sie im Waldboden nach Wurzeln und Knollen, aber auch nach Würmern und Insekten.

Fortpflanzung
Das Weibchen bringt vier bis sechs Junge in einer mit Moos und Laub gepolsterten Mulde im Dickicht zur Welt. Die Jungtiere (Frischlinge) haben ein braunes Fell mit hellen Längsstreifen. Mutter und Kinder bleiben bis zu drei Wochen im „Nest“ und ziehen danach weiter.

Schlammbad
Wildschweine suhlen sich gern in Schlammlöchern. Nach dem Schlammbad reiben sie ihren Körper an einem Baumstamm entlang, um das Fell von Parasiten zu befreien. Da sie einen sehr kurzen und unbeweglichen Hals haben, können sie ihr Fell nicht mit dem Maul putzen.

Feldhase

Merkmale
Der Feldhase ist größer als das Wildkaninchen und du erkennst ihn an seinen viel längeren Ohren und Beinen. Sein Fell ist graubraun bis rotbraun. Mit seinen langen Ohren kann er ausgezeichnet hören, dafür sieht er nicht besonders gut. Dank seiner kräftigen Hinterbeine kann er hohe Sprünge machen.

Lebensraum
Der Feldhase bewohnt offene Landschaften, lichte Wälder und Felder mit Hecken. In der Dämmerung und nachts wird er aktiv. Er gräbt keine unterirdischen Baue. Bei Gefahr drückt er sich in eine flache Mulde. Der Feldhase ernährt sich von Kräutern, Gräsern und Getreidepflanzen.

Der Feldhase ist sehr scheu und immer sprungbereit.

Fortpflanzung
Das Weibchen bekommt drei- bis viermal im Jahr jeweils ein bis fünf Junge. Die Hasenbabys sind „Nestflüchter“, das heißt, sie haben bei der Geburt schon ein Fell und können sehen. Mit fünf bis acht Monaten können die Junghasen selbst Nachwuchs bekommen.

Feldmaus

Merkmale
Die Feldmaus gehört zu den Wühlmäusen. Sie hat einen walzenförmigen Körper und kleine dunkle Augen. Ihr Fell ist auf dem Rücken bräunlich grau bis gelblich grau, am Bauch hellgrau.

Lebensraum
Die weitverbreitete Feldmaus lebt auf Äckern und Wiesen in Kolonien. Dort gräbt sie dicht unter der Erdoberfläche Baue mit Nest- und Vorratskammern sowie mehreren Ausgängen. Sie ernährt sich von Gräsern, Kräutern, Früchten, Wurzeln und Samen sowie von Getreidekörnern.

Eine Feldmaus schaut aus ihrem Bau.

Fortpflanzung
Die Feldmaus hält den Rekord im Kinderkriegen: Ein Weibchen ist bereits 13 Tage nach seiner eigenen Geburt erwachsen. Etwa 30 Tage nach der eigenen Geburt kann es erstmals selbst Junge bekommen. Bei jedem Wurf werden bis zu zwölf Babys geboren, die sehr schnell erwachsen werden.

Eichhörnchen

Eichhörnchen kannst du mit etwas Glück in Parks oder auch im eigenen Garten beobachten.

Merkmale
Das Eichhörnchen hat zwei meißelartige Schneidezähne, mit denen es Nüsse knackt. Sein Fell kann von fuchsrot bis braunschwarz gefärbt sein. Besonders auffällig ist sein buschiger Schwanz. Im Winter hat es lange Haarbüschel an den Ohren, die man Pinsel nennt.

Lebensraum
Das tagaktive Eichhörnchen ist ein Waldbewohner. Meist springt es von Ast zu Ast und von Baum zu Baum. Dabei benutzt es den langen Schwanz zum Steuern. Es kann sogar mit dem Kopf nach unten die Stämme hinunterlaufen. Das Eichhörnchen frisst Nüsse, Samen, Knospen, aber auch Insekten und Vogeleier.

Fortpflanzung
Das Weibchen bekommt bis zu zweimal im Jahr jeweils zwei bis fünf Junge. Es versorgt die Babys drei Monate lang. Danach sind sie selbstständig und verlassen die Mutter bald.

Sehr vergesslich
Eichhörnchen legen mehrere Vorratslager für den Winter an und vergraben Nüsse und Eicheln. Sie finden im Winter aber nicht alle ihre Verstecke wieder. Da viele der vergrabenen Samen nicht gefressen werden, entwickeln sie sich zu neuen Pflanzen.

Igel

Merkmale
Den Igel erkennst du an seinen braunen Stacheln mit weißer Spitze. Auf dem Rücken trägt er rund 8000 Stacheln, nur am Bauch und im Gesicht hat er Haare. Trotz seiner kurzen Beine kann der Igel schnell laufen, wenn es sein muss.

Ein Igel auf Nahrungssuche

Lebensraum
Der Igel lebt an Waldrändern und Hecken. In der Stadt wohnt er auch in Gärten und Parkanlagen mit vielen Verstecken. In der Abenddämmerung zieht das Stacheltier los und sucht am liebsten nach Asseln, Tausendfüßern, Spinnen und Käfern; auch Regenwürmer und Schnecken stehen auf seiner Speisekarte. Tagsüber schlummert er unter Reisighaufen, in Erdlöchern oder Felsspalten.

Fortpflanzung
Das Igelweibchen bringt drei bis sechs Junge zur Welt. Sie sind noch blind, haben aber schon viele Stacheln, die allerdings ganz weich sind. Die Igelbabys werden sechs Wochen gesäugt. Nach zwei Wochen öffnen sich die Augen und bald darauf machen sie mit der Mutter Ausflüge.

Maulwurf

Merkmale
Das Fell des Maulwurfs ist dunkelgrau bis braun oder schwärzlich gefärbt. Auf seinem lang gestreckten Kopf sitzen winzige Augen, die im Fell verborgen sind und mit denen er kaum sehen kann. Dafür hört der Maulwurf sehr gut. Er hat zu Grabschaufeln umgebildete Vorderfüße mit langen platten Nägeln.

Lebensraum
Da der Maulwurf fast sein ganzes Leben unter der Erde verbringt, bekommst du ihn kaum zu Gesicht. Nur an den Erdhügeln kann man erkennen, dass er in der Nähe wohnt. In seinen langen unterirdischen Gängen tastet er sich voran und spürt mit den Tasthaaren im Gesicht Würmer und Insekten auf.

Ein seltener Anblick – der Maulwurf hält sich fast ausschließlich unter der Erde auf.

Fortpflanzung
In einer ausgepolsterten Nestkammer in seinem Bau bringt das Weibchen drei bis vier nackte und blinde Junge zur Welt. Erst nach drei Wochen öffnen sich die Augen der kleinen Maulwürfe. Sie werden vier bis sechs Wochen gesäugt und verlassen bald das Nest.

Zwergfledermaus

Die Zwergfledermaus macht ihrem Namen alle Ehre.

Merkmale
Die Zwergfledermaus ist eines der kleinsten Säugetiere. Mit zusammengefalteten Flügeln ist sie nur so groß wie eine Streichholzschachtel. Ihr Fell ist rotbraun bis dunkelbraun, der Bauch gelbbraun bis graubraun gefärbt.

Lebensraum
Die Zwergfledermaus hat ihre Ruheplätze hauptsächlich in einsamen Winkeln in Scheunen, Speichern und Kirchtürmen. Mehrere Weibchen bilden mit ihren Jungen Gruppen, die Männchen leben meist allein. Auf der Speisekarte stehen kleine Insekten wie Nachtfalter und Mücken.

Fortpflanzung
Das Weibchen paart sich, bevor es sich in den Winterschlaf begibt. Erst Monate später findet die Befruchtung der Eizellen statt. Im Mai oder Juni bringt es ein bis zwei noch nackte und blinde Junge zur Welt, die etwa so groß sind wie eine Biene.

Weltrekord
Die Schweinsnasenfledermaus aus Südostasien ist sogar noch kleiner als unsere heimische Zwergfledermaus. Sie wird 2,9 bis 3,3 Zentimeter lang und hat eine Flügelspannweite von 13 bis 15 Zentimetern. Damit ist sie das kleinste Säugetier der Welt.

Biber

Merkmale
Der Biber hat ein besonders dichtes braunes Fell, das ihn auch im Wasser trocken und warm hält. Du erkennst ihn an seinem platten unbehaarten Schwanz. Als Wasserbewohner trägt der Biber an den Zehen seiner Hinterfüße Schwimmhäute. Nase und Ohren kann er beim Tauchen verschließen.

Biber sind gute Schwimmer.

Lebensraum
Biber leben an Seen und Flüssen, wo sie Burgen und Dämme bauen und Bäche aufstauen. Die Baumstämme für ihre Bauwerke fällen sie natürlich selbst. Dazu haben sie ihre langen Nagezähne, die an der Spitze wie ein Meißel zugeschliffen sind. Damit nagen sie auch an Blättern, Rinde und Zweigen.

Fortpflanzung
Die Biberhochzeit findet unter Wasser statt. Das Weibchen bringt zwei bis drei Junge zur Welt. Die Biberkinder werden etwa zwei Monate gesäugt. Sie bleiben im ersten Jahr bei der Mutter und lernen schwimmen und tauchen.

Seehund

Merkmale
Seehunde haben sich dem Leben im Wasser perfekt angepasst: Ihr Körper ist stromlinienförmig, die Vorderbeine sind flossenähnlich, die Hinterbeine zu Schwanzflossen umgebildet. Zwischen den Zehen befinden sich Schwimmhäute.

Lebensraum
Seehunde kannst du an der Nordsee beobachten. Sie bewohnen sowohl sandige als auch felsige Küsten. Erwachsene Seehunde ernähren sich hauptsächlich von Fischen.

Fortpflanzung
Die Paarung der Seehunde findet im Wasser statt. Etwa ein Jahr später bringt das Weibchen meist ein Junges zur Welt. Das Seehundbaby kann sofort schwimmen. Es wird fünf bis sechs Wochen lang gesäugt, danach kann es selbstständig Krebstiere und Muscheln fangen.

Seehunde halten sich gern auf Sandbänken auf.

Schweinswal

Der Schweinswal ist der häufigste Wal in der Nord- und Ostsee.

Merkmale
Der Schweinswal hat einen stromlinienförmigen Körper. Er besitzt eine dreieckige Rückenflosse, zwei Vorderflossen und eine Schwanzflosse. Oben auf dem rundlichen Kopf befindet sich das Blasloch, durch das das Tier atmet. Der Rücken ist dunkelgrau bis braun, der Bauch weiß.

Lebensraum
Schweinswale leben an den Küsten der nördlichen Halbkugel. In der Nordsee triffst du sie häufiger an als in der Ostsee. Diese Meeressäuger ernähren sich hauptsächlich von Fischen, verspeisen aber auch Schnecken, Krebstiere, Würmer und Tintenfische.

Fortpflanzung
Zehn bis elf Monate nach der Paarung bringt das Weibchen meist ein Junges zur Welt. Das Walbaby wiegt fünf bis sieben Kilogramm und wird etwa acht Monate gesäugt. Mit fünf Monaten frisst es auch Fische.

Walsprache
Schweinswale haben die Fähigkeit, viele verschiedene Klicklaute von sich zu geben. So können sich die Tiere untereinander verständigen, zum Beispiel bei der Partnerwahl, bei Gefahr oder zur Orientierung.

Ein Nistkasten für Fledermäuse

Du benötigst:
etwa 2 cm dickes, ungehobeltes, raues Holz, das nicht mit Schutzmittel behandelt sein darf (etwa 3 m²)
etwa 30 Nägel
Dachpappe (30 x 10 cm)
1 Hammer
1 Säge
Schleifpapier

Fledermäuse sind Nachttiere, die in der Dunkelheit auf Insektenjagd gehen. Dafür verschlafen sie den Tag in einem Unterschlupf. Diese flugfähigen Säugetiere bewohnen hohle Bäume, Höhlen und Felsspalten. Aber Bäume mit Höhlen sind immer seltener zu finden, weil alte, oft etwas morsche Bäume meist gleich gefällt werden. Denn sie könnten bei einem Sturm umfallen und Menschen sowie Gebäuden Schaden zufügen. Daher nehmen Fledermäuse gern besondere Kästen als Wohnplätze an. So einen Fledermauskasten kannst du ganz einfach selbst bauen.

1. Zuschneiden
Das Holz wird nach den Maßen in der Tabelle zugesägt. Lasse dir dabei unbedingt von einem Erwachsenen helfen oder die Bretter gleich beim Schreiner zuschneiden!

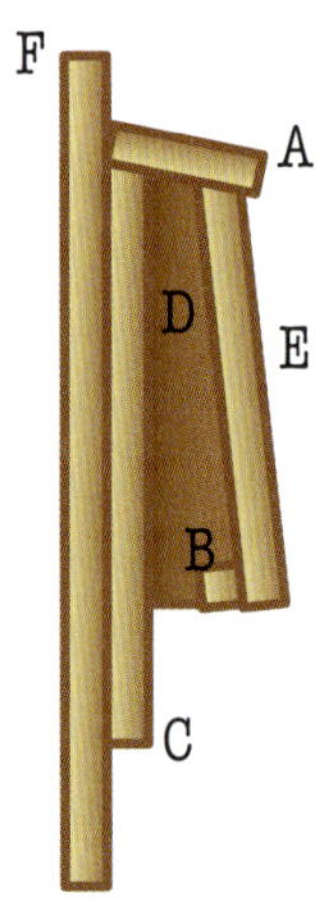

Teil	Maße	Stückzahl
A Dach	30 x 10 cm	1
B Leiste	21 x 2 cm	1
C Rückwand	40 x 25 cm	1
D Seitenwand	4 x 2 x 33 cm	2
E Vorderwand	33 x 25 cm	1
F Aufhängleiste	4 x 70 cm	1

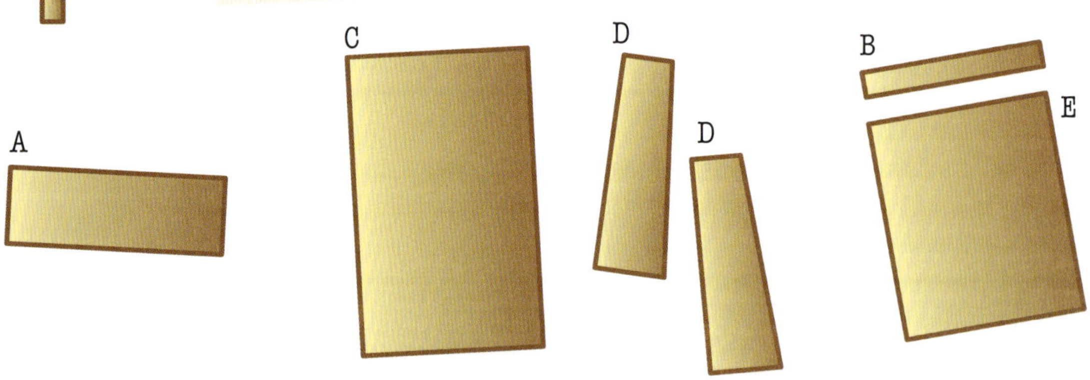

erleben

2. Zusammenbauen

Auch beim Zusammenbauen brauchst du wahrscheinlich die Hilfe eines Erwachsenen. Bevor es losgeht, glättest du alle scharfen Kanten mit dem Schleifpapier. Zuerst befestigst du die Seitenwände (D) mit Nägeln an der Rückwand (C), sodass deren breite Seiten nach unten zeigen. Die Rückwand ist länger als die Seitenwände und steht ungefähr eine Handbreit über. Dann wird die Leiste (B) an der Vorderwand (E) innen unten befestigt; dadurch wird die Einflugsöffnung für die Fledermäuse verkleinert. Vorderwand (E) und Dach (A) werden zuletzt befestigt.

3. Aufhängen

Auf der Rückseite des Kastens bringst du mit Nägeln die Leiste zum Aufhängen (F) an. Das fertige Fledermaushaus hängst du am besten an einem Baum auf. Dazu wird die Aufhängleiste mit Nägeln an der Unterlage (Baum) befestigt.

Empfindliche Tiere

Beim Zusammenbauen musst du darauf achten, dass alle Teile dicht aneinanderschließen und keine Spalten entstehen. Fledermäuse sind gegen Zugluft sehr empfindlich. Gegen Feuchtigkeit befestigst du etwas Dachpappe auf dem Dach.

4. Der Standort

Du kannst den Nistkasten im Garten, aber auch am Waldrand oder in Gewässernähe an einem Baum in vier bis acht Metern Höhe anbringen. Du musst den Kasten so befestigen, dass er im Wind nicht hin und her schwingt. Lasse dir beim Anbringen des Kastens unbedingt von einem Erwachsenen helfen!

Fledermauskästen bieten einen guten Ersatz für Baumhöhlen.

Abenteuer Nachtwanderung

Wenn die Sonne untergeht, verschwindet das Tageslicht. Für viele wird es bald Zeit, ins Bett zu gehen – doch nicht für dich und deine Freunde! Auf euch wartet nämlich heute Nacht ein Abenteuer: Eine Wanderung in einer sternenklaren Sommernacht ist ein tolles Erlebnis. Denn wenn du glaubst, dass alles schläft und du nichts sehen kannst, irrst du dich! Sobald es dunkel wird, herrscht auf den Wiesen und in den Wäldern reges Leben, denn erstaunlich viele Säugetiere, Vögel und auch Insekten erwachen erst, wenn es dunkel wird.

Rehe sind sowohl tagsüber als auch nachts aktiv.

Fledermäuse verschlafen den Tag und gehen erst in der Nacht auf die Jagd.

Unterwegs mit allen Sinnen

Am Tag verlassen wir uns auf unsere Augen. Was wir hören, riechen und tasten, ordnen wir dem unter, was wir sehen. In der Dunkelheit ist es anders: Da wir fast nichts sehen, müssen wir unsere Ohren spitzen und unsere Nase und unsere Hände viel mehr in Anspruch nehmen.

Was siehst du in der Nacht?

In der Dämmerung können wir noch ziemlich viel erkennen. Aber auch nachts tappen wir nicht wie blind umher. Erstens ist es in der Nacht nie vollständig dunkel, besonders wenn der Mond hell leuchtet. Außerdem gewöhnen sich die Augen an die Dunkelheit. Sie brauchen etwa eine halbe Stunde, bis sie sich darauf eingestellt haben. Wichtig ist, dass die Augen an die Dunkelheit angepasst bleiben. Benutze deine Taschenlampe deshalb so wenig wie möglich.

Lautlose Jäger

Weißt du, wie sich die Fledermäuse in der Dunkelheit zurechtfinden? Diese Nachttiere orientieren sich mithilfe der sogenannten Echoortung: Sie senden sehr hohe Laute aus, die Menschen nicht hören können. Es handelt sich um Ultraschallwellen, die an Beutetieren und Hindernissen abprallen und zurückgeworfen werden. Daran, wie lange das Echo braucht, um zu ihr zurückzukommen, erkennt die Fledermaus, wo die Beute oder das Hindernis sich befindet. Das alles passiert natürlich blitzschnell.

Düfte der Nacht

Auch die Düfte der Natur, zum Beispiel von Nadelbäumen oder duftenden Blumen, nimmst du nachts viel stärker wahr, da das Sehen stark eingeschränkt ist. Atme während der Nachtwanderung tief ein, damit die Luft in deine Nase strömt. So erhält das Gehirn ein Signal über die Gerüche, die sich in der Nachtluft befinden, und sagt dir, welchen Geruch du als angenehm empfindest und welchen nicht. Außerdem riecht die Natur in der Nacht anders als am Tag. Das liegt vor allem daran, dass manche Blumen nachts viel stärker duften, um nachtaktive Insekten, besonders Nachtfalter, anzulocken.

Eine Erdkröte bei Nacht

Nächtliche Düfte

Es gibt viele Blumen, die nachts duften oder einen stärkeren Duft ausströmen. Nachtduftende Blumen sind zum Beispiel Nachtkerze, Nachtviole, Geißblatt und Ziertabak. Wenn du einige von ihnen in einen Blumenkübel pflanzt und auf dem Balkon oder der Terrasse platzierst, kannst du den Duft auch ohne nächtliche Wanderungen genießen.

Geräusche in der Dunkelheit

Auf deiner Nachtwanderung wirst du auf quakende Frösche treffen, das Zirpen der Grillen oder das Rascheln einer Maus hören. Menschen hören nämlich auch in völliger Dunkelheit sehr gut. Deshalb wirst du in der Nacht viel mehr Geräusche wahrnehmen als am Tag, weil du dich nicht mehr auf deine Augen verlassen kannst. Außerdem machen viele dämmerungs- und nachtaktive Säugetiere und Insekten gerade in der Dunkelheit viel Lärm.

Die Nachtkerze lockt mit ihrem starken Duft Nachtfalter an.

Eule im Mondschein

Tiere der Nacht
Es gibt viele Tierarten, die in der Dämmerung und Nacht munter sind. Lautlos fliegen die Fledermäuse in der Dunkelheit. Auf der Jagd nach Insekten huschen sie an dir vorbei. Hörst du ein „Huh-huh-huh-huuuu" in der Nacht, ist bestimmt ein Waldkauz in der Nähe. Er ist ebenfalls auf der Jagd nach Insekten und Mäusen. Ein Nachttier ist auch der Igel, der in der Dunkelheit kaum zu überhören ist. Er grunzt und schmatzt laut, während er Schnecken und Insekten sucht.

Fühlen und Tasten
Bei einer Nachtwanderung kannst du herausfinden, wie empfindlich dein Tastsinn ist. Fasse möglichst viele Dinge in deiner Umgebung an und versuche sie zu erraten: Wie fühlt sich zum Beispiel die Rinde eines Baums an und wie feuchtes Gras? Und was fühlst du, wenn du die Steine auf deinem Wanderweg berührst?

Flugbahn eines Glühwürmchens

Es gibt viele Insekten, die erst nachts aktiv werden: Wenn du zum Beispiel in Sommernächten tanzende Lichter siehst, handelt es sich bestimmt um Glühwürmchenmännchen. Sie schwirren umher und antworten den flugunfähigen Weibchen, die vom Boden aus ihre Blinkzeichen geben. Aber auch viele Säugetiere werden erst nachts aktiv. Der Siebenschläfer, der Baummarder und der Rotfuchs sind nächtliche Wanderer, denen du begegnen könntest.

Ein Waschbär auf seinem nächtlichen Streifzug

Leuchtende Tieraugen
Auf deinem nächtlichen Ausflug wirst du Tieren, zum Beispiel einem Fuchs, begegnen, deren Augen leuchten, wenn du sie im Dunkeln anstrahlst. Nachtaktive Tiere müssen sich in der Dunkelheit orientieren und haben sich perfekt an das Leben ohne Licht angepasst. In ihrem Auge befindet sich eine spiegelähnliche Schicht. Diese Schicht wirft das eingefallene Licht zurück und sorgt dafür, dass das Bild, das auf die Netzhaut des Tieres trifft, vom Auge doppelt so hell wahrgenommen wird. Das Leuchten der Tieraugen, die du nachts siehst, ist das Licht der Taschenlampe, das von dieser Schicht zurückgeworfen wird.

Der Fuchs geht nachts auf die Jagd.

Gut ausgerüstet
Damit der Ausflug in die Dunkelheit ein voller Erfolg wird, solltet ihr euch gut darauf vorbereiten und ein paar Vorsichtsmaßnahmen treffen. Denke daran, dass unbedingt ein Erwachsener dabei sein sollte! Packe in deinen Rucksack auf jeden Fall eine Regenjacke und natürlich deine Ausrüstung: Wanderkarte, Kompass, Notizbuch und Stift sowie eine Taschenlampe mit Ersatzbatterien. Etwas Proviant solltest du auch mitnehmen, denn Abenteuer machen durstig und hungrig!

Auch der Igel ist nachts unterwegs.

Die Kleidung
Welche Bekleidung du brauchst, hängt davon ab, zu welcher Jahreszeit du unterwegs bist. Im Herbst und Winter brauchst du richtig warme Sachen wie Pullover, dicke Jacke, Mütze und Schal. Aber auch im Sommer wird es nachts ziemlich kühl, sodass du lange Hosen, einen Pullover und eine Jacke anziehen solltest. Trage dunkle Kleidung, damit du für die Nachttiere so unsichtbar wie möglich bleibst. So kannst du sie beobachten, ohne sie zu stören.

Übernachtung
Haben deine Freunde und du eine Nachtwanderung mit einer Zeltübernachtung geplant? Dann dürfen ein warmer Schlafsack und eine Unterlage (Isomatte) nicht fehlen. Besonders praktisch ist es, wenn ihr die größeren Sachen der Ausrüstung schon am Tag am Zielort ablegt und das Zelt noch vor Einbruch der Dunkelheit aufbaut. So habt ihr keine zusätzliche Last zu tragen und könnt euch auf das nächtliche Abenteuer konzentrieren.

Auf Spurensuche

Säugetiere hinterlassen viele Spuren, zum Beispiel Pfoten- oder Hufabdrücke. Um sie richtig zu deuten, brauchst du zwar einige Übung, es ist aber spannend wie die Arbeit eines Detektivs. Am leichtesten lernst du solche Zeichen zu erkennen, wenn du beobachtest, wie sie entstehen, beispielsweise, wie ein Hund über den nassen Erdboden läuft und dabei seine Pfotenspuren hinterlässt.

Pfoten- und Hufabdrücke

Pfoten- und Hufabdrücke von Säugetieren gehören zu den eindeutigsten Tierspuren. Den Abdruck des einzelnen Hufes oder der einzelnen Pfote nennt man Trittsiegel; die Stellung der vier Beine bei der Bewegung ergibt das Trittbild. Eine Trittreihe bezeichnet man als Spur oder als Fährte. Im feuchten Sand, auf lehmigem Boden in der Nähe eines Gewässers und in einer festen Schneedecke sind Pfoten- und Hufspuren besonders gut zu erkennen.

Gewohnte Pfade

Oft gehen Tiere immer dieselbe Strecke und treten allmählich deutlich sichtbare Pfade aus. Solche Pfade findest du häufig in der Nähe von Nahrungsplätzen und Verstecken. Hier einige Waldbewohner und ihre Pfoten- und Hufabdrücke:

Rehwild

Die beiden schmalen Hufe der Rehe hinterlassen spitz zulaufende Abdrücke im Boden. Der Abdruck des Vorderhufs bei Männchen und Weibchen ist etwa gleich groß.
Länge: 4 cm, Breite: 3 cm

Feldhase

Die Pfotenabdrücke des Feldhasen ähneln denen des Wildkaninchens, sind aber deutlich größer.
Länge (Abdruck Vorderpfote): 5 cm, Breite: 3 cm;
Länge (Abdruck Hinterpfote): 6 cm, Breite: 3,5 cm

Rothirsch
Die Abdrücke der Rothirsche sind größer als die der Rehe. Der Abdruck des Vorderhufs ist bei den Männchen etwa zwei Zentimeter größer als bei den Weibchen.
Länge: bis 9 cm, Breite: bis 8 cm

Wildschwein
Die Hufspuren des Wildschweins erkennst du an den zwei kleinen Abdrücken am hinteren Rand des Hufs, den sogenannten „Afterzehen“. Die Trittgröße entspricht der des Rothirsches.
Länge: 3 bis 5 cm, Breite: 7 bis 9 cm

Rotfuchs
Der Fuchs hinterlässt einen länglichen Pfotenabdruck, ähnlich dem eines Hundes. Die Abdrücke von Vorder- und Hinterpfote sind fast gleich groß.
Länge: 5 cm, Breite: 4 bis 4,5 cm

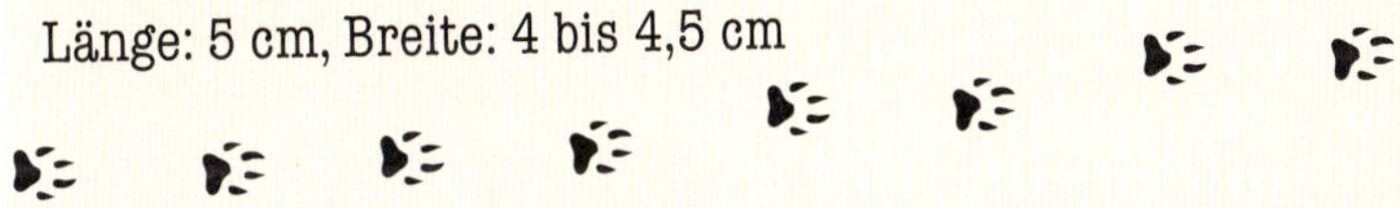

Dachs
Der Dachs drückt die Vorderpfote meist nur bis zum Hauptballen auf den Boden. Bei der Hinterpfote ist meist die ganze Sohle abgezeichnet, einschließlich der auffallend langen Krallen.
Länge (Abdruck Vorderpfote): 5 cm, Breite: 4 cm;
Länge (Abdruck Hinterpfote): 6,5 cm,
Breite: 3,5 cm

Eichhörnchen
Der hintere Pfotenabdruck ist größer als der vordere Pfotenabdruck. Auch sind seine Krallen deutlich zu sehen. Das Eichhörnchen stellt die Hinterpfoten vor die Vorderpfoten.
Länge: 4 cm, Breite: 2 cm

Was du über Vögel wissen solltest

Vögel sind hoch entwickelte Wirbeltiere. Sie haben also ein Skelett, das aus Knochen besteht. Ihre vorderen zwei Gliedmaßen sind zu Flügeln umgebildet. Daher können die meisten Vögel fliegen. Einige wenige haben diese Fähigkeit jedoch im Laufe der Zeit verloren. Dazu zählen zum Beispiel die Pinguine oder Laufvögel wie der Strauß.

Pinguine gehören zu den Vögeln, können aber nicht fliegen.

Merkmale

Das typische Merkmal von Vögeln kennst du bestimmt: die Federn. Sie bedecken fast den ganzen Körper. Außerdem haben alle Vögel einen zahnlosen Schnabel aus Horn. Sie sind Warmblüter und haben eine gleichbleibende Körpertemperatur. Kennzeichnend für Vögel ist auch die Kloake, also die Körperöffnung, die gleichzeitig zur Ausscheidung und zur Fortpflanzung dient.

Warum können Vögel fliegen?

Vögel haben den perfekten Körperbau für das Fliegen. Die wichtigsten Flugorgane sind natürlich die windschnittig gebauten Flügel, die mit Federn bedeckt sind. Vögel haben außerdem einen leichten Knochenbau. Viele ihrer Knochen sind innen hohl, also mit Luft gefüllt. Daher wiegt ein Vogelskelett nicht viel. Außerdem besitzen Vögel eine besondere Lunge. Sie hat zahlreiche Luftsäcke, die im ganzen Körper verteilt sind. In diese Luftsäcke nimmt der Vogel Luft auf und hat dann mehr Sauerstoff für lange Strecken zur Verfügung.

Augen wie ein Adler

Vögel haben meist sehr gute Augen. Besonders Greifvögel können sogar besser und weiter sehen, als es der Mensch mit einem Fernglas kann. Die scharfen Augen sind vor allem für die Beutejagd wichtig, denn so können sie zum Beispiel kleine Mäuse auch aus großer Höhe erkennen.

Auch aus großer Höhe kann der Adler seine Beute erkennen.

Aufgaben der Federn
Du kannst zwei Arten von Federn unterscheiden: die Konturfedern und die Flaumfedern. Die Konturfedern helfen zum Beispiel beim Fliegen. Die Flaumfedern, die Daunen, halten den Körper der Vögel warm.

Eine Konturfeder

Eine Daunenfeder

Dinosaurierverwandtschaft
Hast du gewusst, dass Dinosaurier die Vorfahren der Vögel sind? Diese riesigen Echsen, die vor 65 Millionen Jahren ausstarben, sind nämlich die Urahnen der heutigen Vögel.

Immer neue Federn
Weil die Federn so wichtige Aufgaben erfüllen, verbringt ein Vogel viel Zeit damit, sie sauber zu halten und zu ordnen. Doch trotz der guten Pflege nutzen sie sich ab und müssen daher in regelmäßigen Abständen erneuert werden. Das nennt man Mauser. In dieser Zeit fallen alte Federn aus und neue wachsen nach. Zumeist fallen dabei nicht alle Federn gleichzeitig aus, sondern werden nach und nach ersetzt, sodass der Vogel auch während der Mauser fliegen kann und gegen Kälte geschützt ist.

Zwei farbenprächtige Mandarinenten mit wasserdichtem Gefieder

Wasserdichtes Gefieder
Viele Vögel haben eine sogenannte Bürzeldrüse, die ein wasserabweisendes Sekret absondert. Sie verteilen diese Absonderung auf ihrem Gefieder und machen es wasserdicht. Besonders bei Wasservögeln ist es lebensnotwendig, dass kein kaltes Wasser an die Haut gelangt.

Vögel

Verbreitung und Lebensraum

Vögel findest du auf allen Erdteilen. Sie bewohnen Wüsten, Urwälder, die Antarktis, Gebirge, Sümpfe, Seen, Meere, Wälder, Wiesen, Felder und sogar Städte. Die meisten Vogelarten gibt es in den tropischen Regionen.

Nachtigallen sind begabte Sänger.

Lebensweise

Viele Vögel leben gesellig, manche brüten in riesigen Kolonien. Sie verständigen sich untereinander meist durch ihren Gesang. Der Stimmapparat der Vögel ist der untere Kehlkopf. Er ist besonders bei Singvögeln stark entwickelt. Manche von ihnen singen sogar vollständige Lieder wie zum Beispiel die Nachtigall.

Der richtige Weg

Der Zwang zur Wanderung in eine bestimmte Richtung ist den Zugvögeln angeboren. Wann sie sich auf die Reise machen und welchen Weg sie nehmen, wissen sie von Geburt an. Sie orientieren sich am Stand der Sonne und der Sterne, aber vor allem nach dem Magnetfeld der Erde, das die Vögel mit einem besonderen Sinn wahrnehmen und mit dessen Hilfe sie den richtigen Weg finden.

Standvögel und Zugvögel

Vögel, die das ganze Jahr über in demselben Gebiet leben, bezeichnet man als Standvögel. Zu ihnen gehören zum Beispiel die Amsel, die Blaumeise und die Kohlmeise. Zugvögel sind dagegen Vögel, die im Winter an einem anderen Ort leben als im Sommer. Sie legen oft sehr lange Strecken zurück, um in wärmere Regionen zu fliegen und dort zu überwintern. In den Winterquartieren können sie leichter überleben, weil sie dort mehr Nahrung finden. Zugvögel wie die Weißstörche verbringen die kalte Jahreszeit in Afrika.

Der Tukan lebt in Regenwäldern.

Gänse auf dem Weg nach Süden

Mit seinem gebogenen Hakenschnabel erlegt der Adler seine Beute selbst.

Ernährung
Die Speisekarte der Vögel ist vielfältig und hängt natürlich von der Art und ihrem Lebensraum ab. Vögel fressen Samen, Früchte, Beeren, aber auch Insekten, Würmer, Fische, kleinere und größere Säugetiere. Unter den fleischfressenden Vögeln gibt es Arten, die ihre Beute selbst erjagen, zum Beispiel den Adler oder den Habicht. Es gibt aber auch Vögel, die sich von Aas ernähren, zum Beispiel der Geier.

Prächtige Männchen
Vogelmännchen haben oft ein buntes, besonders prächtiges Federkleid, mit dem sie die Weibchen beeindrucken. Ihr auffälliges Gefieder hilft den Männchen bei der Partnersuche. Weibchen sind dagegen meist unauffällig gefärbt, denn so werden sie von ihren Feinden beim Brüten nicht so leicht bemerkt.

Das Pfaumännchen schlägt ein prächtiges Rad, um das Weibchen zu beeindrucken.

Aufzucht der Jungen
Alle Vögel legen Eier, um sich fortzupflanzen. Sie legen sie meist in ein Nest, bebrüten sie und ziehen die ausgeschlüpften Jungen auf.

Amsel beim Brüten

Nestbau
Vögel bauen ihre Nester aus verschiedenen Materialien wie Zweigen, Blättern und Halmen. Damit es die Jungen später weich und kuschelig haben, werden die Nester je nach Vogelart mit Federn, Tierhaaren, Moos und Ähnlichem gepolstert. Beim Brüten setzt sich ein Elternteil – meistens die Mutter – auf die Eier, um sie warm zu halten, bis die Jungvögel schlüpfen. Die Brutdauer kann je nach Art eine bis mehrere Wochen dauern. Die Jungvögel werden in drei Gruppen eingeteilt: Nesthocker, Platzhocker und Nestflüchter.

Nesthocker

Die Nesthocker sind beim Schlüpfen nackt und blind und daher für eine bestimmte Zeit völlig auf ihre Eltern angewiesen. Die hilflosen Küken werden von den Altvögeln gefüttert und gewärmt. Nach einiger Zeit öffnen sich die Augen der Jungen und sie bekommen Federn. Meistens verlassen sie das Nest, wenn sie schon fast fliegen können. Dann sind sie flügge. Sie sitzen auf Ästen in der Nähe des Nestes, werden aber noch gefüttert, bis sie ganz selbstständig sind und sich allein versorgen können. Zu den Nesthockern gehören beispielsweise alle Singvögel, Greifvögel, Spechte und Störche.

Schnäbel auf!

Bei Jungvögeln ist das Innere des Schnabels leuchtend gelb oder rot gefärbt, damit sie bei der Fütterung von den Eltern nicht übersehen werden. Wenn sie Hunger haben, reißen sie ihn ständig auf und warten auf Leckerbissen.

Huuunger! Die kleinen Meisen warten auf Futter.

Platzhocker

Die Platzhocker kommen zwar schon mit Federn zur Welt und können sofort sehen und hören, doch sie müssen noch von ihren Eltern gefüttert werden. Da sie ihre Körpertemperatur auch noch nicht selbst regeln können, werden sie von den Altvögeln gewärmt. Die kleinen Platzhocker halten sich meist in der Nähe des Nestes auf und laufen von Anfang an herum. Fliegen lernen sie erst später. Zu den Platzhockern gehören viele Möwen und Seeschwalben.

Nestflüchter

Küken, die mit einem flauschigen Daunenkleid zur Welt kommen und voll entwickelt sind, werden als Nestflüchter bezeichnet. Je nach Art können sie gleich nach dem Schlüpfen laufen, schwimmen und tauchen. Die meisten von ihnen können auch sofort allein fressen. Sie verlassen das Nest meist nach einem Tag und kommen nie wieder zurück. Bis sie erwachsen und selbstständig sind, bleiben die Küken bei der Mutter. Einige Nestflüchter, Hühner und Enten zum Beispiel, hast du bestimmt schon einmal gesehen.

Ausflug mit Mama

Amsel

Merkmale
Du kannst Männchen und Weibchen leicht voneinander unterscheiden: Die männlichen Vögel sind schwarz, die weiblichen braun; beide haben einen gelborangen Schnabel. Der Schnabel des Männchens ist allerdings etwas leuchtender.

Ein Amselmännchen kannst du an seinem schwarzen Gefieder und dem leuchtend gelborangen Schnabel erkennen.

Lebensraum
Die Amsel ist ursprünglich ein Waldbewohner, breitete sich im Laufe der Zeit aber auch in Parkanlagen und Hausgärten aus, wo sie jetzt sogar häufiger zu finden ist. Sie frisst am liebsten Würmer, Schnecken und Insekten, aber auch Beeren und andere Früchte. Bei der Nahrungssuche kannst du sie oft am Boden hüpfen sehen.

Fortpflanzung
Die Amsel baut ihr Nest aus Zweigen, Grashalmen und Wurzeln in Sträuchern und Bäumen. Darin legt das Weibchen vier bis sechs Eier und brütet etwa zwei Wochen, dann schlüpfen die Jungvögel.

Das Amselweibchen ist braun und unauffällig.

Blaumeise

Merkmale
Die Blaumeise hat eine hellblaue Haube, einen gelb und weiß gefärbten Bauch und einen grünlich blauen Rücken. Am Kopf ist sie weiß, doch längs über die Augen führt ein schwarzer Streifen. Um den Hals hat sie eine Art blaugrauen Kragen.

Lebensraum
In Laubwäldern, Gärten und Parks mit alten Bäumen fühlt sich die Blaumeise am wohlsten. Im Sommer frisst sie Insekten und Spinnen; im Herbst stehen Beeren und Samen, im Winter Samen und Körner auf der Speisekarte.

Blaumeisen überwintern bei uns.

Winterfütterung
Im Winter, wenn in der Natur Nahrung knapp wird, kommt die Blaumeise gern an die Futterstellen in den Gärten und freut sich über Futternetze mit Nüssen und über Meisenknödel.

Fortpflanzung
Ihr Nest baut die Blaumeise in den Höhlen von alten Bäumen. Dort legt das Weibchen acht bis fünfzehn winzige rosafarbene Eier. Die Jungen werden von beiden Eltern gefüttert. Wenn sie flügge sind, bleiben sie noch etwa zwei Wochen bei der Familie.

Kuckuck

Merkmale
Das Gefieder des Kuckucks ist am Rücken und an den Seiten einheitlich dunkelgrau. Der Bauch ist etwas heller mit dunklen Querstreifen. Auf den langen Schwanzfedern sind einige weiße Flecken zu erkennen.

Lebensraum
Der Kuckuck ist vor allem in Wäldern zu Hause, fühlt sich aber auch auf Wiesen wohl. Er ernährt sich hauptsächlich von Insekten, besonders Käfern und Schmetterlingsraupen.

Kuckuckweibchen

Fortpflanzung
Der Kuckuck ist bekannt dafür, dass er seine Eier nicht selbst ausbrütet. Stattdessen legt das Weibchen seine Eier einzeln in fremde Nester. Das Kuckucksei hat meist Farbe und Größe der Eier des Vogels, in dessen Nest das Kuckucksweibchen eins seiner Eier gelegt hat. Deshalb fällt es nicht auf. Das Kuckucksküken wirft später die anderen Eier oder Jungvögel aus dem Nest und wird von deren Eltern großgezogen.

Kaum größer – das Kuckucksei fällt im fremden Nest fast nicht auf.

Rotkehlchen

Rotkehlchen kannst du in Gärten und Parks beobachten.

Merkmale
Du kannst das Rotkehlchen vor allem an seinem roten Gefieder an Stirn, Kehle und Brust erkennen. Der Unterbauch ist grauweiß, der Rücken und die Flügel sind olivbraun.

Lebensraum
Das Rotkehlchen lebt überwiegend in Gärten und Parks, aber auch an Waldrändern – Hauptsache, es gibt dichte Büsche, in denen es sich verstecken kann. Meist hält es sich in Bodennähe auf und sucht dort nach Insekten, Spinnen und Regenwürmern.

Fortpflanzung
Dicht über dem Boden baut das Weibchen ein napfförmiges Nest und legt vier bis sieben Eier. Das brütende Weibchen wird vom Männchen gefüttert. Rotkehlchen brüten zweimal im Jahr.

Winterfest!
Einige Rotkehlchen ziehen im Herbst über kurze Strecken nach Süden, um dort zu überwintern. Viele bleiben jedoch an ihrem Standort und überstehen auch strenge Winter.

Spatz

Merkmale
Den Spatz oder Haussperling erkennst du an seinen braunen Federn. Das Männchen hat einen breiten grauen Streifen auf dem Kopf und einen schwarzen auf der Brust. Sein Rücken ist schwarzbraun gefleckt, der Bauch gräulich. Das Weibchen dagegen ist unauffällig gefärbt und nur an Brust und Bauch ein wenig heller als am Rücken.

Ein männlicher Spatz

Lebensraum
Spatzen leben gern in der Nähe von Menschen und lassen sich durch sie nicht stören. Sie kommen fast überall vor – ob in der Stadt oder auf dem Land. Am liebsten fressen sie Körner und Samen, picken aber auch gerne Brotkrumen in Gärten und Parks auf. Die Jungen werden mit Insekten gefüttert.

Fortpflanzung
Spatzen brüten oft in Gemeinschaft, denn so haben sie mehr Schutz vor Feinden. Ihre Nester findest du unter Hausdächern, in Mauerlöchern oder in Spechthöhlen. Ein Weibchen legt vier bis sechs Eier. Die Jungen schlüpfen nach ungefähr zwei Wochen und werden von beiden Eltern versorgt.

Weißstorch

Den Weißstorch erkennst du an seinem leuchtend roten Schnabel.

Merkmale
Der Weißstorch geht sehr aufrecht und hat einen langen Hals. Der rote Schnabel und die roten Beine sind ebenfalls lang und auffällig. Sein Gefieder ist weiß, nur der untere Bereich von Schwanz und Flügeln ist schwarz.

Lebensraum
Weißstörche leben in Feuchtgebieten. Sie schreiten durch Wiesen und Sümpfe und suchen nach Nahrung. Haben sie ihre Beute entdeckt, stoßen sie blitzschnell mit dem Schnabel zu. Am liebsten verspeisen sie Frösche, Würmer, kleine Fische und Insekten. Als Zugvogel fliegt der Weißstorch nach Afrika zum Überwintern.

Fortpflanzung
Weißstörche bauen ihre großen Nester aus Reisig hoch oben in Bäumen oder auf den Schornsteinen von Hausdächern. Das Weibchen legt drei bis fünf Eier. Nach etwa drei Monaten sind die Jungstörche flügge.

Klapperstorch
Weißstörche verständigen sich durch Klappern mit dem Schnabel. Besonders laut sind sie bei der Begrüßung des Partners während der Balz. Wegen des Schnabelklapperns nennt man den Storch auch Klapperstorch.

bestimmen

Bachstelze

Merkmale
Die Bachstelze trägt ein auffälliges schwarz-weiß-graues Federkleid. Du kannst sie auch an ihrem trippelnden Gang erkennen. Außerdem wippt sie ständig mit ihrem langen Schwanz.

Die Bachstelze kannst du in der Nähe von Gewässern entdecken.

Lebensraum
Die anspruchslose Bachstelze hält sich sehr gern in der Nähe von Gewässern jeder Art auf. Sie ist ein Teilzieher, gehört also zu den Vögeln, von denen manche in den Süden ziehen, andere aber in ihrem Brutgebiet bleiben. Auf der Speisekarte stehen Insekten und Spinnen.

Fortpflanzung
Die Bachstelze baut ihr Nest in einer Höhe von einem halben bis drei Metern und platziert es in Gebäudenischen, Felsspalten oder Baumhöhlen. Es gibt zwei Bruten im Jahr mit jeweils vier bis sechs Eiern. Die Jungen schlüpfen nach etwa zwei Wochen und nach weiteren zwei Wochen verlassen sie das Nest.

Kein großer Sänger
Die Bachstelze singt selten. Beim Auffliegen gibt sie oft Laute wie „Zipp", „Zissis" oder „Zwilipp" von sich.

Graureiher

Merkmale
Das Gefieder des Graureihers kann unterschiedlich gefärbt sein. Oft ist es auf dem Rücken grau und am Bauch heller, manchmal ist es aber auch weiß oder schwarz. Am Kopf trägt der langhalsige Schreitvogel eine schwarze Federhaube.

Lebensraum
Der Graureiher lebt an Bächen, Flüssen, Seen und in Küstenregionen, wo es viele Fische gibt. Der geschickte Jäger wartet im seichten Wasser oder pirscht sich langsam an und hält Ausschau nach Beute. Hat er etwas entdeckt, stößt er mit seinem spitzen Schnabel blitzschnell zu. Auf der Speisekarte stehen Fische, Frösche, Eidechsen, Mäuse und Insekten.

Fortpflanzung
Graureiher brüten in Kolonien und bauen ihre Nester hoch oben auf Bäumen. Das Weibchen legt drei bis fünf Eier, aus denen nach etwa vier Wochen die Jungen schlüpfen. Die stets hungrigen Küken müssen alle zwei Stunden gefüttert werden.

Mit seinen weit gespreizten Zehen sinkt der Graureiher nicht ein, wenn er in sumpfigem Gelände auf Nahrungssuche geht.

→ Höckerschwan

Merkmale
Durch sein weißes Federkleid, den orangeroten Schnabel und den schwarzen Schnabelhöcker beim Männchen ist der Höckerschwan mit kaum einer anderen Art zu verwechseln. Seinen langen Hals trägt er oft s-förmig gebogen.

Von der Seite ist der Höcker auf dem Schnabel des Männchens gut zu erkennen.

Lebensraum
Der Höckerschwan lebt an Seen, Teichen und langsam fließenden Gewässern. Er ernährt sich von Wasser- und Unterwasserpflanzen. An Land sucht er nach Gras, Samen und Wurzeln.

Treue Vögel
Höckerschwäne sind sehr treue Tiere. Wenn ein Männchen und ein Weibchen sich gefunden haben, bleiben sie ein Leben lang zusammen.

Fortpflanzung
Das Nest aus Schilf und Rohr wird von beiden Eltern in Gewässernähe gebaut. Das Weibchen bebrütet die fünf bis acht Eier allein. Die Küken sind Nestflüchter, die sofort den Eltern folgen. Sie bleiben etwa ein Jahr bei der Familie.

→ Stockente

Ein prächtig gefärbter Erpel

Merkmale
Im Hochzeitskleid hat die männliche Stockente (Erpel) einen flaschengrünen Hals und Kopf, einen gelben Schnabel und einen weißen Halsring. Die Brust ist rostbraun, der Rücken bräunlich grau, der Bauch und die Seiten hellgrau. Das Weibchen ist viel schlichter gefärbt und beige-braun gemustert. Außerhalb der Brutzeit trägt auch das Männchen ein beige-braunes bis olivfarbenes Gefieder.

Stockentenweibchen

Lebensraum
Stockenten leben in stehenden und langsam fließenden Gewässern. Als Allesfresser ernähren sie sich von Wasserpflanzen, Samen und im Wasser lebenden Kleintieren. Sie suchen vor allem im flachen Wasser auf dem Grund nach Nahrung.

Fortpflanzung
Das Weibchen baut ein gut getarntes Nest in Wassernähe und kleidet es mit Daunen aus. Es legt fünf bis dreizehn Eier, die es allein bebrütet. Die Jungen sind Nestflüchter und folgen sofort den Eltern.

Küstenseeschwalbe

Eine Küstenseeschwalbe mit Küken

Merkmale
Die Küstenseeschwalbe hat ein weiß bis hellgrau gefärbtes Federkleid. Auf dem Kopf trägt sie eine schwarze Kappe. Ihre Beine und der Schnabel sind rot gefärbt. Sie besitzt einen sehr langen Schwanz.

Lebensraum
Die Küstenseeschwalbe brütet in der Arktis (Nordpolarregion) und überwintert in der Antarktis (Südpolarregion). Der Vogel ernährt sich von Fischen und Kleinkrebsen. Er sucht die Wasseroberfläche bei langsamem Flug sorgfältig nach Beute ab. Hat er etwas entdeckt, stürzt er sich plötzlich senkrecht ins Wasser und stößt nach unten. Nach kurzer Zeit taucht er mit Beute wieder auf.

Fortpflanzung
Küstenseeschwalben brüten in großen Kolonien in Sanddünen. Das Nest ist eine einfache Bodenmulde, in die das Weibchen ein bis drei Eier legt. Die Eier werden von beiden Eltern bebrütet.

Langstreckenflieger
Auf ihren Wegen zwischen den arktischen Brutplätzen und den antarktischen Überwinterungsgebieten legen Küstenseeschwalben 35.000 bis 40.000 Kilometer zurück – der absolute Weltrekord!

Lachmöwe

Merkmale
Den Namen verdankt die Lachmöwe ihren kichernden und keckernden Rufen. Sie hat einen weißen Körper, der Kopf ist während der Brutzeit schwarzbraun gefärbt, sonst sind nur die Bereiche um die Augen und Ohren dunkel.

Lachmöwe zur Brutzeit mit schwarzbraun gefärbtem Kopf

Lebensraum
Früher brütete die Lachmöwe fast nur an Binnengewässern wie Flüssen und Kanälen, aber in jüngerer Zeit kannst du sie während der Brutzeit immer häufiger auch an den Meeresküsten finden. Ihre Speisekarte ist sehr lang, denn sie frisst so ziemlich alles: Regenwürmer, Krebstiere, Insekten, kleine Fische, Getreidekörner, Aas, in Städten auch Abfälle!

Fortpflanzung
Die Lachmöwe brütet in großen Kolonien und baut Nester aus Pflanzenhalmen auf Seen oder Teichen. Darin legt das Weibchen meist drei olivgrün gefärbte Eier ab, die etwa drei Wochen lang von beiden Eltern bebrütet werden.

Eine Lachmöwe hält Ausschau nach Nahrung.

Ein Nistkasten für Höhlenbrüter

Viele Vögel bauen ihre Nester in natürlichen Höhlungen, zum Beispiel in hohlen Bäumen. Zu diesen Höhlenbrütern zählen vor allem die Meisen. Daher nennt man geschlossene künstliche Nisthilfen auch „Meisenkästen". Da natürliche Bruthöhlen immer seltener werden, nehmen die Vögel solche Nistkästen gern an. Du kannst einen Nistkasten ganz einfach selbst bauen. Lasse dir aber dabei von einem Erwachsenen helfen!

Du benötigst:
20 mm dicke Bretter: 4 Bretter von je 15 x 26 cm (Seitenteile), 1 Brett von 15 x 15 cm (Boden) und 1 Brett von 15 x 17 cm (Dach)
Nägel (2–3 cm lang)
2 Scharniere mit dazu passenden Schrauben
1 Riegel
Säge
Hammer

Eine Blaumeise hat ihr Nest in einem Nistkasten gebaut.

1. Und so geht's
Säge zuerst alle Bretter zurecht oder lasse sie im Baumarkt nach den oben genannten Maßen zuschneiden. In eines der Seitenteile sägst du im oberen Drittel ein Einflugloch von etwa drei Zentimetern Durchmesser. Jetzt werden die Seitenteile mit Nägeln zu einem Kasten zusammengebaut. Dann befestigst du den Boden ebenfalls mit Nägeln.

2. Das Dach
Das Dach kommt zum Schluss: Schraube es an einer Seite mit Scharnieren an dem Kasten fest. Auf der gegenüberliegenden Seite bringst du einen Riegel an. So kannst du das Dach später zur Reinigung öffnen. Da dieses Brett etwas länger ist als der Boden, bildet es ein schützendes Vordach für das Einflugloch.

Im Nistkasten wachsen die Küken sicher heran.

3. Aufhängen
Jetzt muss der fertige Nistkasten nur noch aufgehängt werden – am besten in zwei bis vier Metern Höhe an einem Baum im Garten. So ist er für Räuber wie Katzen und Marder schwer erreichbar. Achte auch darauf, dass der Kasten auf der wetterabgewandten Seite des Baumes hängt.

Du benötigst:
1 Keramikschale (etwa 40 cm Durchmesser)
1 abgesägten Baumstamm (etwa 80 cm hoch)
Wasser
Knetmasse

Ein Vogelbad

Viele Vögel lieben es, zu baden – ob in einer Pfütze oder im seichten Gewässer. Auch im Garten oder auf dem Balkon kannst du ihnen diese Freude bereiten. Baue doch einfach ein Wasserbad, dann kannst du deine gefiederten Freunde immer beobachten, wenn sie planschen oder trinken.

1. Der Standort
Für ein Wasserbad eignet sich am besten ein etwas abgelegener Bereich im Garten, der möglichst den ganzen Tag von der Sonne beschienen wird. Auch auf Balkon und Terrasse sollte der Platz sonnig sein.

Badespaß!

2. Und so geht's
Das Wasserbad sollte etwas höher stehen, damit die Vögel in Ruhe baden können. Zuerst wird der Baumstamm aufrecht auf den Boden gestellt. Bei dieser Arbeit brauchst du unbedingt die Hilfe eines Erwachsenen. Als Badewanne verwendest du eine Keramikschale. Stelle die Schale auf den Baumstamm. Wenn du sie mithilfe von etwas Knetmasse befestigst, steht sie sicher. Jetzt brauchst du nur noch Wasser einzufüllen und schon können die Vögel baden und trinken. Fülle das Vogelbad gelegentlich nach und wechsle ab und zu das Wasser.

3. Wie wäre es mit Sandbaden?
Manche Vögel, besonders Spatzen, baden gern im Sand. Das brauchen sie, um ihr Gefieder zu pflegen. Zuerst planschen sie im Wasser, danach wälzen sie sich im Staub oder Sand. Danach geht es wieder ins Wasser! Richte einfach eine zusätzliche Sandbadestelle ein. In der Nähe des Vogelbads verteilst du trockenen Sand auf einer Fläche von etwa 50 mal 50 Zentimetern.

Vom Ei zum Küken

Alle Vogeleier sind gleich aufgebaut. Frage deine Eltern, ob du ein Hühnerei aus dem Kühlschrank haben darfst. So kannst du dir das Innere eines Eis einmal genauer ansehen.

Schale, Eiweiß und Eidotter eines Hühnereis

Aufbau eines Vogeleis

Wenn du ein Ei aufschlägst, erkennst du auf den ersten Blick das klare farblose Eiweiß und den gelben Eidotter. Aber im Ei befindet sich auch noch eine Luftblase. Wenn du den Dotter untersuchst, kannst du oben und unten zwei dünne Schnüre erkennen. Diese nennt man Hagelschnüre. Sie halten das Eigelb in der Mitte des Eis. Im Dotter selbst befindet sich eine kleine Scheibe, die Keimscheibe. Aus ihr entwickelt sich das Küken. Während der Entwicklung ernährt sich das Küken vom Dotter und erhält Flüssigkeit aus dem klaren Eiweiß. Umgeben ist das Ganze von einer dünnen Kalkschale.

Luftblase

Die Luftblase im Ei versorgt das heranwachsende Küken mit Sauerstoff. Die Luft wird immer wieder erneuert, denn die Schale ist luftdurchlässig.

Ein Küken schlüpft

Eine Vogelmutter muss ihre Eier warm halten, damit daraus Küken schlüpfen. Dazu setzt sie sich auf die Eier und bebrütet sie. Beim Huhn dauert es drei Wochen, bis aus einem Ei ein Küken schlüpft. Am 21. Tag pickt das Küken mit dem Eizahn von innen die Eischale an. Der Eizahn ist ein kleines Horn an der Schnabelspitze. Damit bricht das Küken die Schale auf und schlüpft.

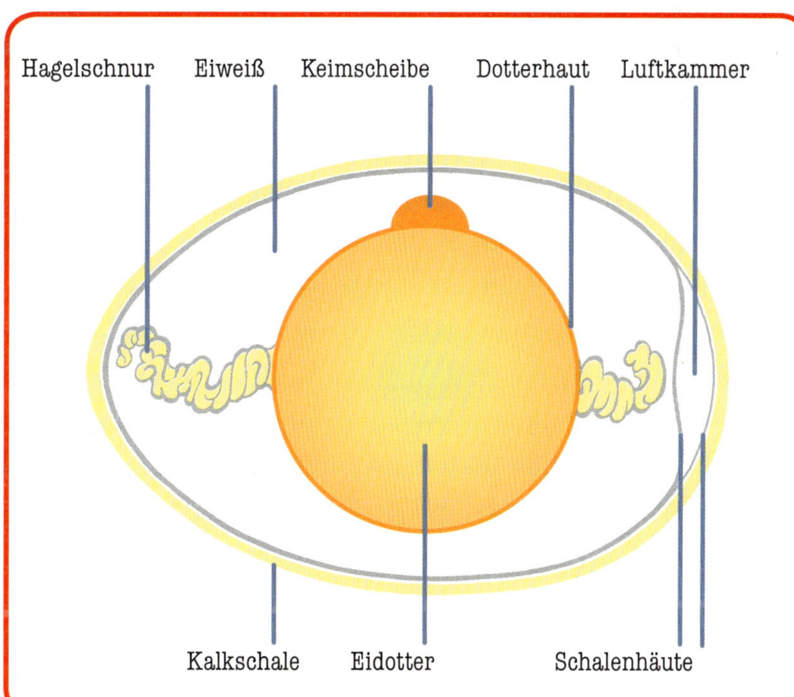

Ausrüstung eines Vogelkundlers

Wenn du gerne Vögel beobachtest und die Tiere in eurem Garten schon kennst, kannst du im Wald und auf Wiesen Vögel erforschen. Als angehender Vogelkundler, der wissenschaftlich Ornithologe genannt wird, brauchst du natürlich eine Grundausrüstung.

Ein Notizblock darf nicht fehlen.

1. Einige Hilfsmittel

Zur Grundausstattung eines Vogelkundlers gehören ein Notizblock und ein Bleistift, damit du alles, was du siehst und hörst, sofort aufschreiben kannst. Du kannst auch Skizzen von den Vögeln machen. Diese Aufzeichnungen helfen dir später, die beobachteten Vögel zu bestimmen. Du kannst auch Fotos machen, aber oft stört das Blitzlicht die Tiere im Wald. Natürlich darf ein Fernglas nicht fehlen. Vögel sind nämlich sehr scheu und flüchten, wenn man sich ihnen nähert. Mit dem Fernglas kannst du sie auch von Weitem gut beobachten.

Mit einem Fernglas kannst du Vögel beobachten, ohne sie zu stören.

2. Kleidung

Wenn du in den Wald gehst, solltest du wasserdichte und warme Kleidung in Dunkelgrün oder Braun tragen. So bist du bestens getarnt und fällst zwischen Bäumen und Sträuchern kaum auf. Ziehe feste Schuhe an, damit du auf dem Waldboden bequem gehen kannst.

3. So pirschst du dich an

Vögel kannst du am besten frühmorgens beobachten. Sie sind dann besonders munter, singen laut, suchen Nahrung oder füttern ihre Jungen. Während du sie beobachtest, solltest du dich möglichst ruhig verhalten. Am besten, du versteckst dich hinter Büschen oder Bäumen. Eine große Erdvertiefung ist ebenfalls ein guter Beobachtungsposten. Ist keine Deckung vorhanden, schleiche dich langsam an, eventuell auf den Knien.

Vogelgesang

Der Gesang ist ein gutes Bestimmungsmerkmal, denn jede Vogelart hat ihren typischen Gesang. Ein gutes Gehör für die Rufe und Gesänge bekommst du, wenn du Vogelstimmen auf CDs hörst.

Dein eigenes Vogelbuch

Als richtiger Vogelforscher brauchst du natürlich dein eigenes Vogelbestimmungsbuch. So ein Buch kannst du ganz einfach selbst anlegen.

Du benötigst:
1 nicht zu dünnes, stabiles Heft
Kugelschreiber
Buntstifte
Klebstift

1. Die Notizen

Damit du auch später noch alles nachschlagen kannst, solltest du deine Notizen und die Skizzen, die du beim Beobachten von Vögeln gemacht hast, in ein schönes Heft übertragen. Es ist zwar aufwendiger, aber auch sauberer und ordentlicher. Jede Vogelart sollte mindestens eine ganze Seite bekommen. Wenn du ein Foto machen konntest, klebe es ein und schreibe den Namen des Vogels dazu. Du kannst natürlich auch selbst eine Zeichnung von dem Vogel machen.

2. Der Steckbrief

Dann legst du einen richtigen Steckbrief an: Aussehen und Größe des Vogels, seinen Lebensraum, sein Leibgericht, zu welcher Jahreszeit du ihn beobachten konntest und in welcher Lebensphase er gerade war – balzt er, brütet er oder versorgt er seine Jungen im Nest? Vielleicht findest du ein paar Federn oder Eierschalen, die aus dem Nest gefallen sind. Diese kannst du auch in dein Vogelbuch kleben. So wird dein Werk noch interessanter.

So zeichnest du einen Vogel

1. Zeichne zuerst ein großes und ein kleines Oval. Sie stellen Kopf und Körper dar.
2. Zeichne dann Hals, Schnabel, Schwanz und Beine.
3. Zum Schluss zeichnest du die Federn genauer ein und malst den Vogel nach deinen Notizen oder einer Vorlage bunt an.

Was du über Insekten wissen solltest

Bei der Wespe kannst du die drei Körperabschnitte gut erkennen.

Millionen Insekten, Spinnen und andere Krabbeltiere bevölkern unsere Erde. Sie leben am Boden, in der Luft oder im Wasser. Sie alle gehören zu den Gliederfüßern. Wegen der großen Zahl unterschiedlicher Tiere, haben die Wissenschaftler sie zur besseren Übersicht in verschiedene Gruppen unterteilt. In denen sind jeweils nah miteinander verwandte Tiere zusammengefasst. Die größte dieser Gruppen bilden die Insekten.

Typischer Körperbau

Schmetterlinge, Bienen, Käfer, Ameisen, Heuschrecken, Wanzen – sie alle sind Insekten, obwohl sie sehr unterschiedlich aussehen. Aber sie haben einige gemeinsame Merkmale: ein hartes Außenskelett, drei Beinpaare und drei Körperabschnitte: den Kopf, die Brust und den Hinterleib. Am Kopf sitzen zwei Fühler zum Tasten, Hören, Riechen und Schmecken, zwei Facettenaugen sowie die Mundwerkzeuge. Der Brustabschnitt trägt drei Beinpaare und meist zwei Flügelpaare. Am Hinterleib befinden sich keine Gliedmaßen.

Insektenbeine

Insektenbeine können unterschiedlich ausgebildet sein: Laufkäfer haben Laufbeine, Heuschrecken Sprungbeine und die Maulwurfsgrille Grabbeine. Die Beine von Käfern und Wanzen, die im Wasser leben, wie zum Beispiel der Gelbrandkäfer, sind zu behaarten Schwimmbeinen umgewandelt.

Hebt der Käfer ab, kommen die zarten Hautflügel zum Vorschein.

Die Augen

Die Augen der Insekten sind ganz anders aufgebaut als Menschenaugen. Man nennt sie Komplex- oder Facettenaugen, weil sie aus vielen Einzelaugen bestehen. Jedes Einzelauge erfasst nur einen kleinen Ausschnitt der Umgebung. Erst im Gehirn werden die vielen Einzelbilder zu einem Gesamtbild zusammengefügt.

Die Einzelaugen

Manche Insekten, zum Beispiel Libellen, haben wahre Monsteraugen. Das ist dir bestimmt schon einmal aufgefallen, wenn du eine Libelle aus der Nähe sehen konntest. Diese Augen setzen sich aus vielen einfach gebauten Einzelaugen zusammen. Eine Stubenfliege hat ungefähr 4000, eine Biene 5000 und eine Königslibelle etwa 30.000 Einzelaugen pro Facettenauge.

Rundblick

Je mehr Einzelaugen ein Facettenauge besitzt, umso besser kann ein Insekt sehen. Demnach nimmt eine Libelle ihre Umgebung viel besser wahr als eine Fliege. Ein Facettenauge kann nicht bewegt werden. Da es aber rund ist, kann das Insekt rundum sehen.

Ein Facettenauge besteht aus enorm vielen winzigen Einzelaugen.

Fortpflanzung

Alle Insekten legen Eier, aus denen Larven schlüpfen. Diese durchlaufen mehrere Stadien, bis sie ausgewachsen sind. Sie machen also eine Verwandlung durch, die man Metamorphose nennt. Manche Insekten (Schmetterlinge, Käfer, Fliegen) machen eine vollständige Verwandlung durch: Die Larven fressen, wachsen und verpuppen sich. In der Puppe bildet sich das fertige Insekt, bis es schlüpft.

Marienkäfer legen ihre Eier an Pflanzen ab.

Ernährung

Die meisten Insekten sind Pflanzenfresser. Es gibt aber auch fleischfressende Insekten, die sich von anderen Insekten ernähren. Andere Insekten wiederum leben von verrottenden Pflanzenteilen oder Mist, wie zum Beispiel der Mistkäfer. Je nach Ernährungsweise sind die Mundwerkzeuge von Insekten unterschiedlich ausgebildet.

Biene beim Nektartrinken

Unvollständige Verwandlung

Andere Insekten, wie Heuschrecken und Wanzen, durchleben eine unvollständige Verwandlung: Ihre Larven ähneln gleich nach dem Schlüpfen den erwachsenen Tieren. Sie brauchen nur noch zu fressen und zu wachsen. Sie müssen sich aber mehrmals häuten, bevor sie ausgewachsen sind.

wissen

wissen

Was du über Spinnen wissen solltest

Spinnen haben im Gegensatz zu den Insekten acht Beine.

Neben den Insekten gibt es außerdem noch die Spinnen. Sie gehören ebenfalls zu den Gliederfüßern. Der Körper dieser wirbellosen Tiere ist in deutlich verschiedene Abschnitte gegliedert. Sie haben zwei Körperabschnitte: das zusammengewachsene Kopfbruststück und den Hinterkörper. Diese sind durch eine schlanke Taille voneinander getrennt. Anders als die Insekten besitzen sie vier Beinpaare, die am Kopfbruststück sitzen. Dort befinden sich auch die Mundwerkzeuge. Spinnen haben mehrere Punktaugen, die einfache Linsenaugen sind.

Spinnennetz in der Morgensonne

Ernährung

Alle Spinnen sind Jäger und ernähren sich hauptsächlich von Insekten und anderen Spinnen. Wie du vielleicht weißt, bauen viele Arten Netze, in denen sich die Beutetiere verfangen. Andere haben besondere Jagdmethoden entwickelt, zum Beispiel lauern sie auf die Beute und springen sie an. Mit den Kieferklauen am Kopf packen die Spinnen ihre Beute, beißen zu und lähmen das Opfer mit ihrem Gift. Gleichzeitig spritzen sie einen Verdauungssaft in die Beute, damit sie zu einer breiigen Masse aufgelöst wird. Danach wird dieser Brei von der Spinne aufgesogen.

Stahlhart

Spinnennetze sind wahre Wunderwerke der Natur. Manche von ihnen sind sogar reißfester als ein Stahldraht von gleicher Stärke.

Frisch geschlüpft

Fortpflanzung

Auch Spinnen entwickeln sich aus Eiern. Nach der Paarung legt das Weibchen seine Eier ab und umwickelt sie mit Seidenfäden, sodass ein Kokon entsteht. Manche Spinnenmütter sind sehr fürsorglich und bewachen den Eikokon, bis die Jungspinnen schlüpfen. Die Jungtiere sehen fast genau wie ihre Eltern aus, sind aber viel kleiner und anfangs meist ziemlich durchscheinend. Sie müssen sich mehrmals häuten, bevor sie ausgewachsen sind.

Was du über Tausendfüßer wissen solltest

Tausendfüßer gehören zu den Gliederfüßern und bilden eine eigene Gruppe, zu der auch die Hundertfüßer gehören. Sie haben einen in mehrere Abschnitte gegliederten langen Körper, der gepanzert ist. Wie du dir denken kannst, haben Tausendfüßer natürlich nicht wirklich 1000 Beine, aber manche Arten haben tatsächlich bis zu 680 Beine, mit denen sie sehr schnell laufen können.

So viele Beine!

Körperbau

Je nach Art können Tausendfüßer grau, braun, schwarz oder sogar fast weiß sein. Sie haben einen Panzer und auf dem Rücken kleine Borsten. An ihrem kleinen Kopf befinden sich Mundwerkzeuge, zwei Augen und zwei Fühler – sogenannte Antennen.

Lebensraum

Alle Arten leben am Boden und verstecken sich oft unter Steinen, unter der Rinde von Bäumen oder im morschen Holz. Denn sie brauchen Feuchtigkeit, um zu überleben. Sie ernähren sich hauptsächlich von abgestorbenen Pflanzenteilen und Algen, die auf dem Boden oder auf der Rinde verschiedener Bäume wachsen. Es gibt auch räuberisch lebende Arten, die Insekten fangen.

Ein zusammengerollter Tausendfüßer

Fortpflanzung

Auch Tausendfüßer entwickeln sich aus Eiern, aus denen Larven schlüpfen. Sie sehen ihren Eltern ziemlich ähnlich, sind aber natürlich viel kleiner und haben weniger Beine. Da ihr Panzer nicht mitwächst, müssen sie sich mehrmals häuten und werden jedes Mal größer.

Wahre Liebe

Bei der Paarung von zwei Tausendfüßern umschlingen Männchen und Weibchen sich oft stundenlang.

Wissen

Was du über Schnecken wissen solltest

Viele kleine Bodenbewohner gehören nicht zu den Gliederfüßern, sondern bilden eigene Gruppen, zum Beispiel die Schnecken. Schnecken sind mit Insekten, Spinnen und Tausendfüßern überhaupt nicht verwandt. Sie gehören zu der Gruppe der Weichtiere wie auch Muscheln und Tintenfische. Manche Schnecken leben an Land, andere im Wasser.

Manchmal kannst du ein leeres Schneckenhaus finden.

Körperbau

Viele Schnecken tragen ein Gehäuse auf dem Rücken, zum Beispiel die Weinbergschnecke. Du hast bestimmt schon einmal gesehen, dass sie sich bei Gefahr ganz in ihr Haus zurückzieht. Die Schale ist so hart, dass kaum ein Tier sie aufbrechen kann. Es gibt auch Schnecken, die in lange vergangenen Zeiten noch ein Gehäuse besaßen, welches sich aber im Laufe von vielen Millionen Jahren zurückgebildet hat, bis es schließlich ganz verschwunden war. Dies ist zum Beispiel bei der Wegschnecke der Fall.

Fortbewegung

Alle Landschnecken gleiten mit der Kriechsohle ihres muskulösen Fußes langsam über den Boden. Dabei hinterlassen sie eine feuchte Schleimspur. Dieser Schleim hilft den Tieren, unverletzt über jede Oberfläche zu kriechen – egal ob Gras oder Steine.

Schnecken mögen es feucht

Landschnecken leben an kühlen und feuchten Orten, damit ihr schleimiger Körper nicht austrocknet. Deshalb verstecken sie sich am Tag unter Steinen und Blättern. Sobald es dunkel und kühler wird, kriechen sie aus ihren Schlupfwinkeln hervor. Bei regnerischem Wetter sind sie auch tagsüber unterwegs und suchen nach Nahrung. Schnecken ernähren sich hauptsächlich pflanzlich.

Sportlich – Nacktschnecke kopfüber an einem Halm

Schnecke mit Häuschen

Fortpflanzung

Schnecken sind Zwitter, das heißt, sie besitzen männliche und weibliche Geschlechtsorgane. Es müssen sich aber immer zwei Tiere paaren, damit es Nachwuchs gibt.

Was du über Würmer wissen solltest

Der bekannteste Wurm ist wahrscheinlich der Regenwurm, dabei gibt es Tausende verschiedener Arten von Würmern. Würmer sind weiche längliche Tiere ohne Beine. Vielleicht kennst du auch den Blutegel, den Wattwurm oder den Bandwurm?

Der bekannteste Vertreter der Würmer ist der Regenwurm.

Körperbau

Würmer haben einen langen schlauchförmigen Körper. Sie besitzen keine Fühler und sind beinlos. Daher können sie sich nur kriechend fortbewegen. Manche Würmer, wie zum Beispiel der Regenwurm, sind in einzelne Abschnitte unterteilt: Kopf, Rumpf und Hinterende.

Lebensraum

Würmer können unter der Erde leben, wie der Regenwurm, im Watt, wie der Wattwurm, oder im Wasser, wie die Egel. Egel saugen das Blut von Fischen, Säugetieren oder auch Menschen. Unter den Würmern gibt es auch sogenannte Parasiten. Das sind Würmer, die am oder im Körper einen anderen Tieres oder auch des Menschen leben und sich von ihm ernähren. Zu dieser Art Würmer gehört zum Beispiel der Bandwurm, der im Darm von Hunden oder Katzen leben kann.

Hier hat ein Wattwurm unterirdische Gänge gegraben. Du erkennst das an den Sandhäufchen, die er an der Oberfläche hinterlässt.

Medizinischer Einsatz

Medizinische Blutegel werden seit Jahrhunderten zur Behandlung verschiedener Krankheiten verwendet, zum Beispiel bei Gelenkentzündungen. Der Speichel, den die Medizinischen Egel beim Blutsaugen absondern, kann Entzündungen und Schmerzen lindern.

Fortpflanzung

Der Regenwurm zum Beispiel besitzt sowohl männliche als auch weibliche Geschlechtsorgane. Bei der Paarung legen sich zwei Tiere aneinander und tauschen ihre Samenzellen aus. Die Eier werden in einem Kokon abgelegt, aus dem später die Jungwürmer schlüpfen. Bandwürmer sind ebenfalls Zwitter, benötigen zur Fortpflanzung aber nicht unbedingt einen Partner; sie können sich selbst befruchten.

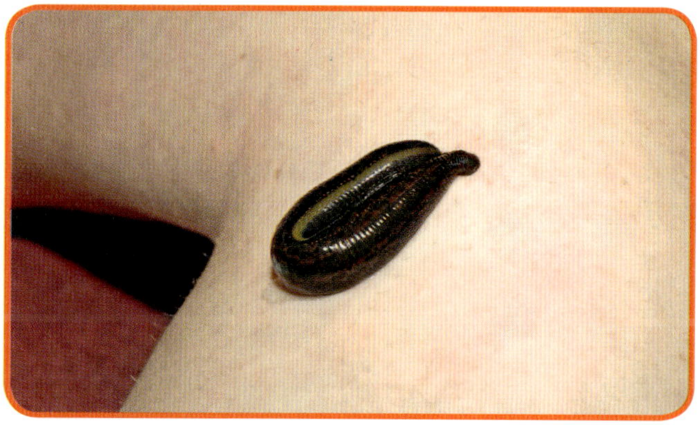

Ein Medizinischer Blutegel im Einsatz

wissen

Abendpfauenauge

Merkmale
Die Vorderflügel des Abendpfauenauges sind in hellen und dunklen Brauntönen gemustert und ähneln einer Baumrinde. Die Hinterflügel haben je einen großen blauen Augenfleck mit schwarzer Umrandung.

Abendpfauenauge mit halb aufgeklappten Flügeln

Lebensraum
Das Abendpfauenauge lebt in feuchten Wäldern und an Gewässerufern. Oft findet man es auch in Gärten. Der Nachtfalter wird erst in der Abenddämmerung aktiv. Tagsüber sitzt er gut getarnt an Baumstämmen.

Fortpflanzung
Die Weibchen legen ihre Eier an der Unterseite der Blätter von Weiden und Obstbäumen ab. Die ausgewachsenen Raupen graben sich in den Boden ein und überwintern als Puppe. Die Falter schlüpfen im nächsten Frühling.

Augenflecken
Wird das Abendpfauenauge gestört, spreizt es ruckartig die Flügel, wobei die Augenflecken sichtbar werden. Das schreckt vor allem Vögel ab, die gerne Schmetterlinge jagen.

Admiral

Merkmale
Der Admiral hat samtschwarze Flügel mit leuchtend roten Binden und weißen Flecken am Rand. Die Unterseiten der Flügel sind ähnlich wie Baumstämme gefärbt, auf denen der Falter oft mit zusammengeklappten Flügeln ruht.

Lebensraum
Der Admiral gehört zu den Wanderfaltern. Deshalb triffst du ihn bei uns nur im Sommer in Gärten, in Parks und in lichten Wäldern an. Im Herbst fliegen die Tiere in den wärmeren Süden. Ab Mai kehren sie wieder zurück. Der Admiral saugt Blütennektar, ausfließende Baumsäfte und den Saft aus Fallobst.

Der Admiral trägt leuchtend rote Binden auf seinen Flügeln.

Fortpflanzung
Das Weibchen legt seine Eier im Frühjahr an Brennnesseln ab. Die schwarzen, grünen oder gelb-braunen Raupen fressen die Blätter dieser Pflanze. Dann verpuppen sie sich und werden zu Schmetterlingen.

Tagpfauenauge

Merkmale
Die vier Flügel des Tagpfauenauges sind braunrot. Auf jedem Flügel befindet sich ein großer bunt schillernder Fleck, der an den Augenfleck einer Pfauenfeder erinnert. Diesem Fleck verdankt das Pfauenauge seinen Namen. Mit den „Augen" erschreckt der Schmetterling seine Feinde.

Das Pfauenauge ist einer der schönsten Tagfalter.

Lebensraum
Das Pfauenauge findest du im Sommer auf Blumenwiesen, in Gärten und Parkanlagen. Es saugt am liebsten den Nektar von rotvioletten Blüten wie Disteln und Sommerflieder.

Fortpflanzung
Das Weibchen legt seine Eier auf die Blattunterseiten der Brennnesselpflanze, denn die Raupen ernähren sich nur von den Brennnesselblättern. Sie leben in Gruppen und weben ein Gespinst um sich herum, damit sie vor Fressfeinden, wie zum Beispiel Vögeln, geschützt sind.

Zitronenfalter

Ein Zitronenfalter-Männchen saugt an einer Blüte.

Merkmale
Die Flügel des Männchens sind zitronengelb, die des Weibchens eher weißlich. Beide tragen je einen orangeroten Augenfleck in der Mitte der Vorder- und Hinterflügel. Außerdem haben alle vier Flügel kleine spitze Zipfel.

Lebensraum
Der Zitronenfalter lebt in Wäldern, buschigem Gelände, in Gärten und Parks. Er besucht gern Pflanzen mit violetten Blüten, zum Beispiel Sommerflieder, und ernährt sich von deren Nektar.

Fortpflanzung
Im Frühjahr legt das Weibchen seine Eier an den Blättern der Raupenfutterpflanzen, zum Beispiel Kreuzdorn, ab. Die grünen Raupen fressen die Blätter vom Rand nach innen. Sie verpuppen sich an kleinen Zweigen.

Langlebig
Der Zitronenfalter überwintert im Freien an Zweigen oder zwischen trockenem Laub auf dem Boden. Durch eine besondere Körperflüssigkeit kann er Temperaturen bis zu minus 20 Grad überstehen und erfriert nicht.

Maikäfer

Merkmale
Maikäfer haben harte braune Deckflügel und an der Seite ein schwarz-weißes Zickzackmuster. Unter den Deckflügeln befinden sich zwei zarte Hautflügel, mit denen der Käfer gut fliegen kann.

Der Maikäfer wird zwei bis drei Zentimeter lang.

Lebensraum
Maikäfer kommen vor allem in Laubwäldern vor, weil sie sich von den Blättern der Bäume ernähren. Dabei mögen sie am liebsten Eichenblätter. Auch an Obstbäumen kannst du sie beobachten.

Fortpflanzung
Die Weibchen graben am Fuß eines Baumes ein Loch und legen dort ihre Eier ab. Die Larven (Engerlinge) leben bis zu vier Jahre unter der Erde und fressen an den Wurzeln im Erdreich. Dann verpuppen sie sich und werden zu fertigen Käfern.

Marienkäfer

Merkmale
Die Familie der Marienkäfer ist sehr groß und nicht alle Arten sind rot und schwarz gefärbt. Die häufigste Art in Deutschland ist der Siebenpunkt-Marienkäfer. Er ist rot und hat sieben schwarze Punkte – je drei auf beiden Deckflügeln und einen siebten in der Rückenmitte.

Lebensraum
Marienkäfer kannst du an Waldrändern, auf Wiesen und in Gärten finden. Dort leben sie auf Pflanzen. Sie ernähren sich, wie ihre Larven auch, hauptsächlich von Blatt- und Schildläusen.

Der häufige Siebenpunkt-Marienkäfer

Fortpflanzung
Das Weibchen legt seine Eier auf der Unterseite von Blättern ab, meist in der Nähe einer Blattlauskolonie, damit die Larven nach dem Schlüpfen reichlich Nahrung finden. Sie verwandeln sich in eine gelbe Puppe, aus der sie bald als fertige Käfer schlüpfen.

Schon gewusst?
Bei Gefahr scheidet der Marienkäfer eine übel riechende und bitter schmeckende Flüssigkeit aus. Daher hat er kaum Fressfeinde.

Honigbiene

Erkennst du die hellen behaarten Streifen am Körper der Biene?

Merkmale
Die Honigbiene ist schwarz-gelb gefärbt. Sie hat einen braunen Körper und am Hinterleib gelbliche behaarte Binden. Dadurch entsteht eine helle und dunkle Streifenfärbung. Die Bienen haben zwei Paar durchsichtige Flügel. Die Weibchen besitzen einen Giftstachel.

Lebensraum
Die Honigbiene kommt überall vor, wo es blühende Pflanzen mit Nektar und Pollen gibt, zum Beispiel auf Blumen- und Obstwiesen und in Gärten. Sie lebt in großen Staaten.

Biene mit vollen Pollenhöschen

Fortpflanzung
Jeder Bienenstaat hat eine Königin. Nur sie legt Eier. Die anderen weiblichen Bienen (Arbeiterinnen) füttern die Larven, bauen das Nest und sammeln Nektar und Blütenstaub. Die Männchen (Drohnen) paaren sich mit der Königin und sterben danach.

Schwarze Wegameise

Merkmale
Die Schwarze Wegameise ist dunkelbraun bis schwarz. Ihr Körper ist mit winzigen silbrigen Härchen bedeckt. Junge Königinnen und Männchen haben Flügel.

Lebensraum
Die Schwarze Wegameise, die häufigste heimische Ameise, kannst du an Waldrändern, auf Wiesen, in Parks und Gärten beobachten. Die Tiere bauen ihre Nester im Boden, unter Steinen oder in hohlen Baumstämmen. Sie ernähren sich hauptsächlich von den zuckerhaltigen Ausscheidungen (Honigtau) bestimmter Insekten, etwa Blattläusen.

Schwarze Wegameisen kannst du überall entdecken.

Fortpflanzung
Die Ameisenkönigin und das Männchen paaren sich beim Hochzeitsflug. Das Männchen stirbt danach. Die Königin legt ihre Eier im Boden ab und gründet einen neuen Staat. Die Arbeiterinnen füttern die weißen Larven, bis diese sich verpuppen und zu fertigen Ameisen werden.

Bienenstachel
Der Giftstachel der Honigbiene hat kleine Widerhaken. Bei anderen Insekten kann sie ihren Stachel einführen und wieder herausziehen. Sticht sie einen Menschen, bleiben die Widerhaken in der Haut stecken. Der Stachel der Biene reißt ab und sie stirbt.

Gartenkreuzspinne

Merkmale
Die Gartenkreuzspinne kannst du ganz leicht an der hellen Kreuzzeichnung auf ihrem Hinterleib erkennen. Der Grundton ihres Körpers kann hellbraun bis schwarz sein. Wie alle Spinnentiere hat sie acht Beine. Du kannst von einer Gartenkreuzspinne gebissen werden – allerdings ist ihr Gift für den Menschen ungefährlich.

Gut zu erkennen an dem Kreuz auf ihrem Rücken: die Gartenkreuzspinne

Lebensraum
Die Gartenkreuzspinne lebt in Gärten, auf Wiesen und in Wäldern. Sie sitzt tagsüber meist in der Mitte ihres Netzes und wartet auf Beute wie Fliegen und andere kleine Insekten. Sie tötet das Opfer mit ihrem giftigen Biss und spritzt dabei einen Verdauungssaft ein. Das Innere des Insekts wird flüssig und die Spinne kann den Brei aufsaugen.

Fortpflanzung
Nach der Paarung frisst das Weibchen das Männchen meist auf. Die Eier werden in watteähnlichen Behältern (Kokons) abgelegt, die aus sehr feinen Fäden gesponnen sind. Die Eier überwintern im Kokon. Im Frühjahr schlüpfen die Jungspinnen.

Weberknecht

Weberknechte haben extrem lange Beine.

Merkmale
Weberknechte, auch Kanker genannt, gehören wie die Echten Spinnen zu den Spinnentieren. Doch sie unterscheiden sich von ihnen dadurch, dass sie keine Taille haben. Der Körper ist rund und trägt acht sehr lange Beine.

Lebensraum
Der Weberknecht lebt in der Streu von Laubwäldern, in Gärten und auf Wiesen. Nachts jagt er kleine Würmer, Insekten, Tausendfüßer und Spinnen. Da er kein Netz baut, fängt er seine Beute mit seinen Kieferklauen.

Fortpflanzung
Das Weibchen versenkt seine Eipakete mithilfe einer langen Legeröhre im feuchten Boden. Dort überwintern die Eier. Die jungen Weberknechte schlüpfen im Frühjahr.

Bein ab!
Der Weberknecht kann bei Gefahr seine leicht abbrechenden Beine oder Teile davon abwerfen und so seinen Fressfeinden entkommen. Die Beine wachsen meist nach.

bestimmen

Hundertfüßer

Merkmale
Trotz ihres Namens haben nicht alle Hundertfüßer auch wirklich 100 Beine. Die häufigsten Arten sind Steinläufer und Erdläufer. Ihr lang gestreckter Körper besteht aus gleich großen Abschnitten. An jedem Abschnitt befindet sich ein Beinpaar. Das erste Beinpaar ist zu zangenähnlichen Klauen mit Giftdrüsen umgebildet.

Lebensraum
Die nachtaktiven Tiere leben auf Wiesen, in Wäldern und Gärten. Tagsüber verstecken sie sich unter welkem Laub, Steinen oder im Erdboden. Sie ernähren sich von Insekten und Spinnen, die sie mit ihren Klauen packen und denen sie ihr lähmendes Gift einspritzen.

Der Steinläufer zählt zu den Hundertfüßern.

Fortpflanzung
Das Weibchen legt seine Eier in ein Erdhäufchen mit Belüftungsloch. Dann rollt es sich um die Eier, bis die Jungen schlüpfen.

Regenwurm

Merkmale
Den Gemeinen Regenwurm kennst du sicher. Sein Körper ist in viele Ringe gegliedert. Je älter er ist, umso mehr Ringe hat er. Am Kopfende befindet sich der Mund, mit dem er Pflanzenreste und Erde aufsaugt, denn er besitzt keine Zähne. Das Futter wird durch die Erde in seinem Magen zerrieben. Im vorderen Drittel seines Körpers befinden sich die Geschlechtsorgane, dann kommt der Gürtel und am Körperende der After.

Ein Regenwurm kriecht durchs feuchte Gras.

Lebensraum
Regenwürmer leben meist unter der Erde und kommen nur nachts oder bei feuchtem Wetter heraus. Sie ernähren sich von abgestorbenen Pflanzenteilen.

Fortpflanzung
Regenwürmer sind Zwitter, das heißt, sie haben männliche und weibliche Geschlechtsorgane. Bei der Paarung legen sich zwei Tiere aneinander und tauschen ihre Samenzellen aus. Es bildet sich jeweils über dem Gürtel ein schleimiger Ring mit den Ei- und Samenzellen. Dieser „Eigürtel“ wird abgestreift und bildet einen Kokon. Daraus schlüpfen später die Jungwürmer.

Hinterteil ab!

Wenn man das Hinterende eines Regenwurms abtrennt, kann er es wieder ausbilden. Bei Gefahr schnürt er es sogar manchmal selbst ab. Dadurch wird der Angreifer abgelenkt und der Regenwurm kann fliehen. Doch wird ein Regenwurm in der Mitte durchtrennt, überlebt er nicht. Denn in den ersten zehn Abschnitten im Vorderkörper befinden sich seine wichtigsten Organe!

bestimmen

Rote Wegschnecke

Merkmale
Die Rote Wegschnecke besitzt kein Gehäuse. Ihr langer dicker Körper ist meist rotorange gefärbt, kann aber auch braun bis schwarz sein. Am Kopf trägt sie zwei Fühlerpaare. An den oberen Fühlern sitzen die Augen, mit den unteren kann sie riechen und schmecken.

Die Rote Wegschnecke macht ihrem Namen alle Ehre.

Lebensraum
Die Wegschnecke lebt auf Wiesen, in feuchten Wäldern und in Gärten unter Steinen oder Pflanzen, denn ihr Körper darf nicht austrocknen. Sie ernährt sich von verrottenden Pflanzen und Tierresten, frisst in Gärten aber auch gern Salat.

Fortpflanzung
Sie ist, wie alle Schnecken, ein Zwitter, das heißt sowohl Männchen als auch Weibchen. Bei der Paarung verschlingen sich zwei Tiere ineinander und tauschen ihre Samenpakete aus. Bei jedem Tier werden Eizellen mit den Samen des Partners befruchtet. Später legen beide ihre Eier im Boden ab. Daraus schlüpfen winzige Schnecken.

Weinbergschnecke

Merkmale
Die Weinbergschnecke trägt ein spiralig gewundenes Gehäuse aus Kalk. Sie bewegt sich auf einer breiten Kriechsohle vorwärts. Am Kopf hat sie zwei Paar einziehbare Fühler. Auf den vorderen sitzen winzige Augen, die hinteren tragen Sinneszellen für Geruch und Geschmack.

Lebensraum
Die Weinbergschnecke lebt an Wiesen- und Feldrändern, in Gärten und nur noch selten in Weinbergen. Sie ernährt sich von weichen welken Pflanzenteilen, die sie mit ihrer Raspelzunge zerkleinert.

Die Weinbergschnecke besitzt zwei Fühlerpaare.

Fortpflanzung
Wie du inzwischen weißt, ist sie wie alle Schnecken ein Zwitter. Sie pflanzt sich ähnlich fort wie die Wegschnecke. Die jungen Weinbergschnecken haben noch ganz weiche Gehäuse.

Scharfe Zunge
Schnecken haben eine besondere Zunge. Darauf befinden sich Tausende von winzigen Zähnchen, mit denen sie ihre Nahrung abraspeln. Daher nennt man sie Raspelzunge.

bestimmen

Duftexperiment mit Ameisen

Ameisen verständigen sich durch bestimmte Duftstoffe, die sie in Drüsen am Hinterleib erzeugen und verströmen. Mithilfe dieser Düfte finden die Tiere ihre Partner, warnen ihre Artgenossen vor Gefahren und markieren auch den Weg zu einer Futterquelle. Mit dem folgenden Experiment kannst du das nachweisen.

Auch mit süßem Obst lassen sich Ameisen anlocken.

1. Auf Beobachtungsposten

Ameisen lieben Süßes! Lege das Blatt mit dem Kuchen oder der Schokolade in die Nähe eines Ameisenhaufens im Garten oder im Wald. Warte, bis die kleinen Insekten das Futter entdeckt haben. Dann legst du den Köder an eine andere Stelle auf dem Papier.

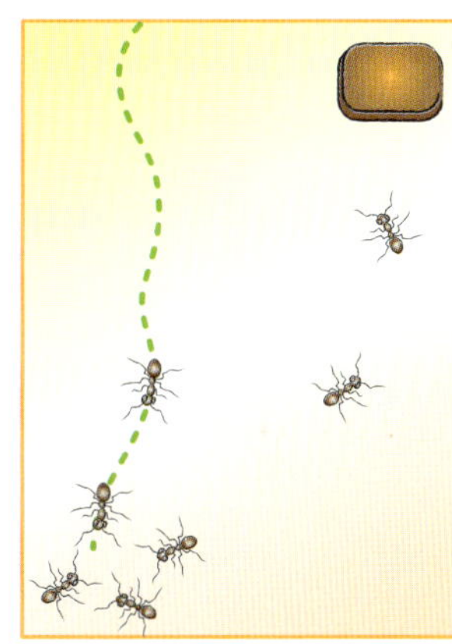

2. Was passiert?

Beobachte jetzt, was passiert, wenn sich weitere Ameisen nähern. Sie krabbeln nicht sofort zur süßen Leckerei, sondern laufen zunächst zur alten Stelle. Von dort gehen sie auf Entdeckungsreise nach der neuen Futterquelle.

3. Warum?

Der Grund für dieses Verhalten ist, dass die Ameisen, die das Futter zuerst entdeckt haben, bereits eine Duftspur zum alten Fundort gelegt haben. Die neuen Ameisen folgen erst dieser Duftspur, bis sie merken, dass sich die Mahlzeit nicht mehr am selben Ort befindet.

Straße unterbrechen

Ameisen legen viele Straßen an, die von ihrem Nest zu der näheren Umgebung führen. Wenn sie Nahrung ins Nest transportieren, folgen sie immer diesen Wegen. Wenn du eine Ameisenstraße unterbrichst, zum Beispiel, indem du mit dem Finger ein paarmal darüberstreichst, sind die Tiere ziemlich verwirrt und laufen erst einmal kopflos umher. Doch nach einiger Zeit legen sie eine neue Straße an.

Werde zum Insektenforscher

Im Frühling, wenn die Natur erwacht, wimmelt es auf dem Boden und an den Pflanzen von verschiedenen Krabbeltieren. Jetzt ist die richtige Zeit, um Insekten und andere Kleintiere zu erforschen. Um sie beobachten zu können, musst du aber erst eine Einfanghilfe bauen.

Du benötigst:
1 Einmachglas
Obst-, Gemüse- oder Fleischstückchen
1 kleines Brett
einige flache, etwa gleich große Steine

1. Und so geht's
Hebe ein kleines Loch im Garten aus und vergrabe das Einmachglas in der Erde. Vielleicht bittest du einen Erwachsenen, dir dabei zu helfen. Der Glasrand sollte nicht aus dem Erdboden herausschauen. Lege Obst-, Gemüse- oder Fleischstückchen hinein, um die Tiere anzulocken. Verteile die Steine um das Glas herum und lege das Brett darüber, sodass eine Lücke zwischen Glas und Brett bleibt. Sollte es regnen, verhindert das Brett, dass sich Wasser im Glas ansammelt.

Mit einer Lupe lassen sich kleine Insekten besonders gut beobachten.

2. Beobachten
Wenn du am nächsten Morgen nachsiehst, findest du bestimmt einige Gäste in deiner „Falle". Verschließe das Glas mit einer Folie, in die du vorher Löcher gemacht hast. Dann kannst du die Tiere mit einer Lupe beobachten und dir Notizen und Zeichnungen machen. Wenn du mit deiner Forschungsarbeit fertig bist, musst du die Tiere wieder freilassen!

Nachtfalter anlocken
Viele Nachtfalter lieben Süßes. Du kannst sie damit anlocken und sie aus der Nähe betrachten. Streiche zum Beispiel an einen Baumstamm etwas Honig. Wenn sie sich dort niederlassen, um davon zu naschen, kannst du sie in Ruhe beobachten. Du darfst aber die Flügel nicht berühren, weil sie dadurch beschädigt werden können.

Willkommen im Insektenhotel

Die meisten Insekten sind sehr nützliche Tiere. Sie spielen bei der Bestäubung von Blüten eine wichtige Rolle. Sie sorgen auch dafür, dass für uns schädliche Arten, wie zum Beispiel Blattläuse, nicht überhandnehmen. Außerdem stellen Insekten für viele Vögel eine wichtige Nahrungsquelle dar. Viele Insekten sind aber bedroht, da wir Menschen ihren Lebensraum zerstören. Wildbienen, Grab- und Faltenwespen nisten in morschem Holz und in bereits vorhandenen Bohrgängen von Käfern. Aber heute bleiben kaum alte und abgestorbene Bäume in Gärten stehen. Daher nehmen diese Tiere Nisthilfen gern an.

Du benötigst:
mehrere Stängel von Brombeere oder Holunder oder Schilfrohrhalme
1 saubere Konservendose
1 Kordel

Selbst gebastelt
Mit selbst gebastelten Nisthilfen kannst du vielen Insekten helfen. Dafür eignen sich markhaltige Stängel von verschiedenen Sträuchern, aber auch aus Baumscheiben, Baumstämmen oder Holzblöcken kannst du Nisthilfen bauen. Die Insekten freuen sich über beide Arten von Behausungen. Und wenn ein Erwachsener dir hilft, bist du ruck, zuck fertig!

1. So geht's
Die markhaltigen Stängel sollten schon im Herbst geschnitten und über den Winter getrocknet werden. Das Mark nagen die Insekten selbst aus. Zunächst wird am oberen und unteren Rand der Dose je ein Loch gebohrt – am besten mit einem Handbohrer. Lasse dir dabei von einem Erwachsenen helfen.

2. Und fertig!
Durch das Loch ziehst du die Kordel zum Aufhängen. Dann füllst du die Dose dicht mit Stängeln. Mit einem scharfen Messer oder einer Gartenschere schneidest du sie so weit zurück, dass sie nur wenig aus der Dose herausschauen. Bitte auch hier einen Erwachsenen um Hilfe.

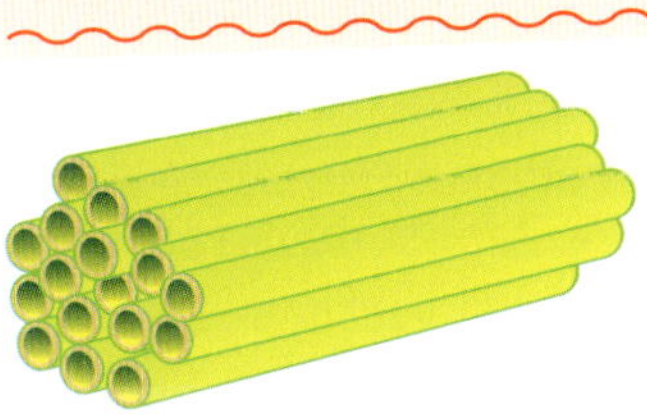

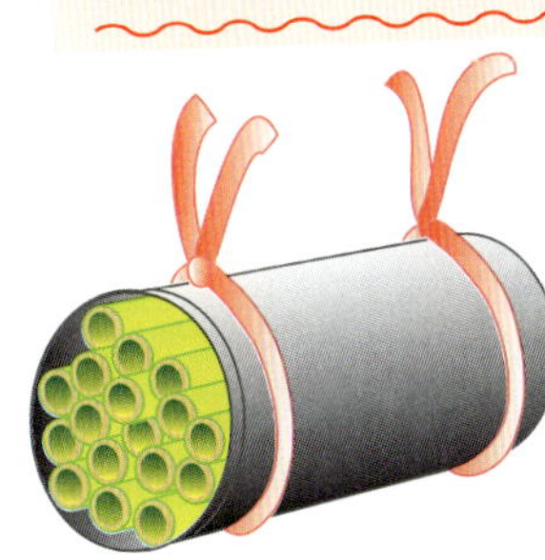

Nisthilfe aus Holz

Aus Holzblöcken oder Baumscheiben lassen sich ganz leicht tolle Nisthilfen für Insekten bauen.

Du benötigst:
1 Block oder 1 Baumscheibe aus Hartholz (Eiche, Buche oder Obstbaumholz), etwa 10 bis 15 cm stark und zwei- bis dreimal so lang

Denn: Weiches Holz quillt bei Regen auf und die Bewohner werden zerdrückt.

Wenn du magst, kannst du deine Nisthilfen mit bunten Farben verzieren.

1. Und so geht's
In das Holz bohrst du mithilfe eines Erwachsenen verschieden große Löcher – mit einem Durchmesser von zwei bis zehn Millimetern, weil jede Insektenart unterschiedlich weite Gänge braucht. Du darfst die Löcher nicht durchgehend bohren, und sie sollten mindestens zwei Zentimeter voneinander entfernt sein. Und vergiss die Löcher zum Aufhängen nicht! Damit kein Regenwasser in die Bohrlöcher hineinlaufen kann, brauchen Nisthilfen ein Dach. Dazu eignet sich Dachpappe (im Baumarkt), die aufgeklebt wird.

Insektenhotel aus Holz

2. Richtig aufhängen
Hänge deine Nisthilfen immer in Richtung Südosten auf, damit sie Morgen- und Mittagssonne bekommen – das mögen Insekten!

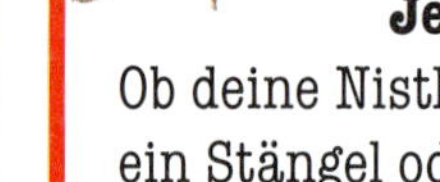

Jemand zu Hause?
Ob deine Nisthilfe angenommen wurde, erkennst du daran, dass ein Stängel oder Bohrloch durch einen Pfropf verschlossen ist. Denn dann hat ein Insekt darin seine Eier abgelegt. Sobald der Nachwuchs geschlüpft ist, beißt er sich durch den Pfropf hindurch und beginnt sein neues Insektenleben.

Kleiner Käfer ganz laut

Es ist kaum zu glauben, aber ein kleiner Käfer, zum Beispiel ein Marienkäfer, kann ganz schön viel Lärm machen. Mit ein wenig Bastelei kannst du das „Getrampel" von einem kleinen Krabbeltier hören.

Du benötigst:
1 Blatt Pergamentpapier
1 Plastiktrichter
1 Stück Schlauch (zum Beispiel von einem alten Gartenschlauch)
Klebeband

1. Hörgerät basteln
Überziehe die Öffnung des Trichters mit dem Pergamentpapier und klebe es rundherum mit Klebeband fest. Achte unbedingt darauf, dass das Pergamentpapier ganz glatt und straff ist. Stecke den dünnen Stiel des Trichters auf ein Ende des Schlauchs und klebe ihn mit Klebeband fest. Dein „Hörgerät" ist fertig!

Ganz schön laut, so ein kleiner Käfer!

2. Gleich geht's los
Dann hältst du das freie Ende des Schlauchs an dein Ohr und das Ende mit dem Trichter in der anderen Hand. Die mit dem Pergamentpapier bespannte Seite zeigt dabei nach oben.

3. Einsatz der Käfer
Jetzt soll jemand einen kleinen Käfer aus dem Garten auf das Pergamentpapier setzen. Krabbelt der Käfer los, wirst du dich wundern, wie laut so ein kleines Insekt werden kann. Denn die Beine des Käfers bringen das Papier zum Schwingen. Die Schwingungen gelangen durch den Schlauch an dein Ohr und der bespannte Trichter wirkt wie eine Trommel.

Was du über Fische wissen solltest

Fische sind im Wasser lebende Wirbeltiere. Doch nicht alle Fische sehen aus wie Heringe oder Forellen. Sie können ganz verschiedene Körperformen haben: schlangenförmig (Aale), flach (Plattfische) oder kugelig (Kugelfische). Fische teilt man in zwei Gruppen ein: Knorpelfische (Haie und Rochen) und Knochenfische.

Fische können so aussehen …

… oder auch so – Fische können ganz verschiedene Körperformen haben.

Fortbewegung

Wie du sicher schon weißt, haben Fische keine Arme und Beine, sondern Flossen. Ein Fisch hat jeweils zwei Brust- und Bauchflossen und je eine Rücken-, Schwanz- und Afterflosse. Fische schlagen mit der Schwanzflosse und schwimmen so vorwärts. Wenn sie die Richtung ändern wollen, setzen sie die Brust- und Bauchflossen ein. Mithilfe der Rücken- und Afterflosse halten sie sich im Wasser aufrecht.

Merkmale

Typisch für die meisten Fische ist der lang gestreckte, seitlich abgeflachte Körper, der zum Kopf- und Schwanzende hin etwas zugespitzt ist. Diese Form nennt man stromlinienförmig. Sie begünstigt die Fortbewegung, da diese Form dem Wasser nur wenig Widerstand entgegensetzt. Der Fischkörper ist meistens mit Schuppen bedeckt, kann aber auch Knochenschilde tragen oder nackt sein. Fische sind wechselwarme Tiere, das heißt, dass ihre Körpertemperatur von der Temperatur der Umgebung abhängig ist.

Die Flossen der Rotfeder sind leuchtend orange gefärbt.

Gestalt- und Größenvielfalt

Nicht nur die Körperform der Fische ist vielfältig, auch die Körpergröße kann sehr unterschiedlich sein: Der Walhai ist mit über zehn Metern Länge der größte aller Fische, während der kleinste Fisch der Welt – eine Karpfenart aus Sumatra (Indonesien) – weniger als zehn Millimeter groß wird.

Unter Wasser atmen

Zum Leben brauchst du Sauerstoff, den du mit der Atemluft aufnimmst. Auch die Fische brauchen Sauerstoff und das Wasser selbst enthält Sauerstoff. Aber wie kommen die Fische daran? Sie besitzen besondere Atmungsorgane: die Kiemen. Das sind dünne Hautblättchen. Die Fische nehmen das Wasser durch das Maul auf, dabei gelangt es zu den Kiemen und gibt den Sauerstoff dort an das Blut ab. Das Blut fließt durch den Körper des Fisches. Dabei wird der Sauerstoff verbraucht. Das jetzt sauerstoffarme Wasser wird durch die Kiemenöffnungen wieder in das Gewässer abgegeben.

Die Augen der Fische sind gut an das Unterwasserleben angepasst.

Hier kannst du die geöffneten Kiemen und die langen Bartfäden gut erkennen.

Sinnesorgane

Fische sind eigentlich kurzsichtig. Doch sie können auch in die Ferne sehen. Dazu wird die Linse des Auges verschoben. Der Geruchs- und Geschmackssinn sind ebenfalls gut entwickelt. In der Mundhöhle, an den Lippen und an den Barteln befinden sich sogenannte Geschmacksknospen. Barteln oder Bartfäden sind fadenförmige Anhänge, die viele Fische im Maulbereich tragen. Manche Fische, zum Beispiel Karpfen und Welse, können auch gut hören.

Das besondere Organ

Fische besitzen darüber hinaus ein besonderes Organ, mit dem sie Veränderungen in der Wasserströmung wahrnehmen und dadurch Hindernisse, Beute und Feinde erkennen können: das sogenannte Seitenlinienorgan.

Der Knurrhahn kann – wie der Name schon sagt – knurrende Laute von sich geben.

Können Fische „sprechen"?

Die meisten Menschen glauben, Fische seien stumm. Das stimmt aber nicht, denn viele Fische geben zirpende, quietschende, grunzende, trommelnde, bellende oder andere Töne von sich. Bekannt für seine Knurrlaute ist zum Beispiel der Knurrhahn. Die Geräusche dienen als Warnsignale, zum Zusammenhalt eines Schwarms oder zum Umwerben eines Partners.

Tropische Fische sind oft sehr farbenprächtig.

Lebensraum
Fische kommen auf allen Erdteilen vor. Manche Arten leben im Süßwasser, also in Seen und Teichen (stehende Gewässer) oder Flüssen und Bächen (Fließgewässer). Man nennt sie Süßwasserfische. Andere findest du nur im Salzwasser, also in den Meeren. Sie werden als Meeresfische bezeichnet. Die meisten Meeresfische leben in den flachen, bis zu 200 Meter tiefen Bereichen in Küstennähe. In der Hochsee gibt es aber auch Arten, die in 800 bis 5000 Metern Tiefe leben.

Ständig in Bewegung
Haie zum Beispiel haben keine Schwimmblase. Sie müssen ständig in Bewegung bleiben, damit sie nicht absinken.

Wozu dient die Schwimmblase der Fische?
Fast alle Fische haben eine Schwimmblase. Das ist eine Ausstülpung des Vorderdarms, die mit Gasen gefüllt ist. Mithilfe der Schwimmblase können Fische ihr typisches Gewicht der jeweiligen Wasserumgebung anpassen. Taucht der Fisch tiefer, wo der Wasserdruck größer wird, strömen mehr Gase aus dem Blut in die Schwimmblase. Wenn er nach oben steigen will, weicht etwas Gas aus der Schwimmblase zurück ins Blut. Auf diese Weise kann der Fisch, ohne großen Kraftaufwand, im Wasser schweben.

Ernährung
Einige Fische ernähren sich von Wasserpflanzen. Andere sind reine Fleischfresser, wie zum Beispiel die Haie. Sie leben von Fischen, kleinen Krebsen, Fröschen oder kleinen Säugetieren. Andere Fische wiederum nehmen pflanzliche und tierische Kost zu sich, sind also Allesfresser.

Haie besitzen keine Schwimmblase.

Fortpflanzung
Die meisten Fische legen riesige Mengen von Eiern im Wasser ab, die man als Laich bezeichnet. Der Laich wird im Wasser vom Männchen besamt. Aus den Eiern schlüpfen später Jungfische. Es gibt aber auch Fische, die lebend gebären, zum Beispiel viele Haiarten. Hier entwickeln sich die Jungen im Bauch der Mutter und kommen voll entwickelt zur Welt. Manche Fische machen eine starke Verwandlung von der Larve bis zum fertigen Fisch durch.

Frisch geschlüpft

In Bändern abgelegte Fischeier

Vom Meer in die Flüsse
Aale zum Beispiel durchleben eine starke Verwandlung, die mehrere Jahre dauert: Die Larven schlüpfen im Atlantik und schwimmen an die Küsten Europas. Dort angekommen wandern sie in die Flüsse und werden erst nach über zehn Jahren erwachsen. Dabei verändern sie öfter ihre Gestalt und werden größer, bis sie endlich ausgewachsen sind.

Fortpflanzung der Aale
Um sich fortzupflanzen, schwimmen Aale wieder ins Meer zurück, wo sie geschlüpft sind. Dabei legen die Aale bis zu 5000 Kilometer zurück. Ganz schön anstrengend!

Aale tummeln sich im flachen Wasser.

Was du über Krebstiere wissen solltest

Hummer mit großen Scheren

Krebse, auch Krebstiere genannt, bilden eine Gruppe der Gliederfüßer, zu denen auch die Insekten, Spinnentiere und Tausendfüßer gehören. Krebse leben im Meer und im Süßwasser, einige Arten haben sogar das Land erobert. Obwohl sie zu einer Gruppe gehören, können die verschiedenen Krebse sehr unterschiedlich aussehen. Auch wenn man es kaum glaubt, gehören zum Beispiel Asseln, die du bestimmt schon einmal im Garten gesehen hast, genauso zu den Krebsen wie der Flusskrebs und der Hummer.

Merkmale

Trotz der großen Formenvielfalt haben Krebstiere einige gemeinsame Merkmale. So besitzen sie zwei Paar Antennen. Das zweite Antennenpaar ist oft sehr lang wie beispielsweise beim Hummer. Außerdem besitzen viele Krebstiere auffällige Augen. Von den sechsbeinigen Insekten und den achtbeinigen Spinnentieren sind vor allem viele der sogenannten Höheren Krebse dadurch leicht zu unterschieden, dass sie fünf Paar Beine haben. Das vordere Beinpaar ist bei vielen Arten zu kräftigen Scheren umgebildet. An jedem Körperabschnitt kann ein Beinpaar sitzen. Ein weiteres gemeinsames Merkmal ist, dass alle Krebse mit Kiemen atmen, auch die an Land lebenden Arten.

Siehst du die langen Antennen?

Gut gepanzert – die Strandkrabbe

Wie gepanzerte Ritter

Alle Krebstiere haben ein panzerartiges Außenskelett. Wie bei den Insekten besteht es aus einem besonderen Stoff, dem Chitin. Wenn Krebse wachsen und größer werden, wächst ihr fester „Panzer" nicht mit. Deshalb müssen alle Krebstiere ihre Außenhülle in bestimmten Abständen abwerfen. Das heißt, sie häuten sich. Nach jeder Häutung dauert es eine Weile, bis der neue Panzer hart geworden ist. Während der Häutung sind Krebse ungeschützt und werden oft von ihren Feinden, zum Beispiel Raubfischen, gefressen.

Der Einsiedlerkrebs bewohnt Schneckenhäuser, die er sich nach jeder Häutung neu suchen muss.

Ständig umziehen!
Der Hinterkörper des Einsiedlerkrebses ist nicht gepanzert und ist daher weich. Deshalb muss er sich nach jeder Häutung ein größeres Haus suchen. Während des Umzugs lebt der Einsiedlerkrebs ziemlich gefährlich, weil seine weichen Körperteile ungeschützt sind.

Lebensraum
Krebse leben mit wenigen Ausnahmen im Wasser. Viele Arten, darunter zum Beispiel die Hummer, Garnelen, Seepocken und viele Wasserasseln, leben im Meer. Andere Krebse, wie beispielsweise den Flusskrebs, den Bachflohkrebs und den Wasserfloh, findest du in Süßwassergewässern. Einige Krebsarten können sich auch vorübergehend an Land aufhalten, etwa die Strandkrabbe oder der Palmendieb, der zu den Einsiedlerkrebsen gehört. Die einzigen Krebstiere, die dauerhaft an Land leben können, sind die Landasseln, wie zum Beispiel die Mauerassel.

Seepocken kannst du an Steinen oder Holzpfählen entdecken.

Minigarnele

Fortpflanzung
Die Weibchen der Krebstiere legen Eier. Höher entwickelte Krebse kleben die Eier an die Beinchen am Hinterleib und tragen sie immer mit sich herum. Bei vielen Arten, wie zum Beispiel den Flusskrebsen, schlüpfen nach mehreren Wochen gleich winzige Jungkrebse aus den Eiern, die bereits ihren Eltern ähneln. Sie klammern sich noch einige Wochen an den Beinen der Mutter fest und werden erst danach selbstständig. Es gibt auch Krebse, aus deren Eiern zunächst Larven schlüpfen. Diese müssen sich mehrmals häuten, bis sie sich zu Jungkrebsen entwickeln, wie es beispielsweise bei der Nordseegarnele der Fall ist.

Bachforelle

Merkmale
Die Bachforelle hat einen lang gestreckten seitlich abgeflachten Körper. Du erkennst sie leicht an den hell umrandeten schwarzen und roten Flecken an den Seiten. Wie alle Lachsfische besitzt auch sie eine Fettflosse zwischen der Rücken- und Schwanzflosse, die möglicherweise als Vorratsspeicher dient.

Die Bachforelle erkennst du an ihren roten Flecken.

Lebensraum
Die Bachforelle lebt in sauberen schnell fließenden Gewässern mit steinigem Grund. Der sehr gefräßige Fisch ernährt sich von Insekten, Larven, Krebsen und kleinen Fischen.

Fortpflanzung
Die Weibchen legen ihre Eier in kleinen Gruben ab, die sie im Kiesgrund selbst ausheben. Dann schwimmen die Männchen über das Gelege, besamen die Eier und bedecken sie mit Kies, um sie vor Räubern zu schützen.

Gut getarnt
Die Bachforelle ist durch ihre Färbung gut an die Umgebung angepasst. Dadurch hebt sie sich vom jeweiligen Untergrund kaum ab und fällt Fressfeinden nicht so leicht auf.

Hecht

Merkmale
Der Hecht hat einen lang gestreckten walzenförmigen Körper und einen ziemlich langen Kopf mit einem Maul, das einem Entenschnabel ähnelt. Die Kiefer sind mit scharfen Zähnen besetzt. Sein Rücken ist meist grünlich blau, der Bauch heller gefärbt. Die Rücken- und Afterflosse stehen weit hinten am Körper. Dadurch kann der Hecht blitzartige Wendemanöver ausführen.

Lebensraum
Der Hecht hält sich gerne in fließenden und in größeren stehenden Gewässern auf. Zwischen Wasserpflanzen lauert er Fischen, Fröschen, jungen Wasservögeln und kleinen Säugetieren auf. Sobald sich ein Beutetier nähert, stürzt er sich pfeilschnell auf das Opfer.

Der Hecht versteckt sich gern zwischen Wasserpflanzen und wartet auf Beute.

Fortpflanzung
Im Frühjahr laicht das Weibchen in flachen pflanzenreichen Gewässern. Die winzigen Larven leben zunächst von tierischen Schwebeteilchen (Zooplankton), später von Fischbrut.

Karpfen

Merkmale
Der Körper des Karpfens ist weniger lang gestreckt als etwa beim Hecht und seitlich etwas abgeflacht. Am Maul trägt der Karpfen vier Bartfäden (Barteln). Der Rücken ist braun bis schwärzlich grün, der Bauch weißlich gefärbt.

Der Karpfen schnappt nach Futter.

Lebensraum
Der Karpfen lebt in warmen stehenden oder langsam fließenden Gewässern mit reichlich Pflanzenwuchs und sandigem oder schlammigem Grund. Dort sucht er nach Würmern, Schnecken und Krebstieren, die er mithilfe seiner Bartfäden aufstöbert.

Fortpflanzung
Das Weibchen legt Eier, die im Wasser aufquellen und an Pflanzenteilen festkleben. Junge Karpfen fressen zunächst Plankton, später Wasserpflanzen.

Bachflohkrebs

Merkmale
Der Bachflohkrebs hat einen grauen bis gelbbraunen Körper, der seitlich abgeflacht ist. Von seinen sieben Beinpaaren am Vorderkörper sind die beiden vorderen zu Greifwerkzeugen ausgebildet. Die hinteren fünf Paare dienen zum Laufen. Am Hinterkörper trägt er außerdem noch sechs weitere Beinpaare, die er zum Schwimmen einsetzt.

Lebensraum
Der Bachflohkrebs lebt in klaren fließenden Gewässern mit einem steinigen oder sandigen Grund. Mithilfe seiner beiden Antennenpaare sucht er dort vor allem nach faulenden Pflanzenteilen, die er am liebsten verspeist.

Viele kleine Bachflohkrebse

Fortpflanzung
Bei der Paarung gibt das Männchen seinen Samen in den Brutbeutel ab, der sich zwischen den Vorderbeinen des Weibchens befinden. Dort entwickeln sich aus den Eiern fertige Krebschen.

Flohsprung
Der Bachflohkrebs ähnelt bei seiner Fortbewegung einem springenden Floh. So erhielt er auch seinen Namen.

Edelkrebs

Merkmale
Der Körper des Edelkrebses ist in Kopf, Brust und Hinterleib gegliedert und durch einen harten Panzer geschützt. Er trägt fünf Paar Laufbeine, von denen das erste zu großen Scheren umgebildet ist. Am zweiten und dritten Beinpaar befinden sich kleinere Scheren.

Der Edelkrebs kann bis zu 20 Zentimeter groß werden.

Lebensraum
Der Edelkrebs wohnt mit Vorliebe in sauberen, sauerstoffreichen Flüssen und Bächen. Du kannst ihn aber auch in Teichen und Seen mit klarem Wasser antreffen. In der Dunkelheit jagt er Muscheln, Würmer und Fische, die er mit seinen großen Scheren packt. Mit den kleinen Scheren wird die Beute zerteilt und zum Maul geführt.

Fortpflanzung
Das Weibchen legt seine Eier ab und trägt sie dann ein halbes Jahr mit sich herum. Beim Schlüpfen sehen die Larven schon wie kleine Krebse aus, allerdings noch ohne den typischen Schwanzfächer.

Hering

Heringe kannst du an ihrem silbrigen Glanz erkennen.

Merkmale
Typisch für den Hering ist der schuppenlose Kopf. Außerdem besitzt er keine Seitenlinie, keine Fettflosse und auch keine Barteln. Der schlanke Körper ist am Rücken graugrün, an den Seiten und am Bauch silbrig.

Lebensraum
Heringe leben in riesigen Schwärmen im Nordatlantik sowie in der Nord- und Ostsee. Sie ernähren sich von tierischem Plankton (Schwebeteile im Wasser), kleinen Krebstieren und Fischlarven.

Fortpflanzung
Das Weibchen kann jedes Jahr bis zu 50.000 Eier legen, aus denen nach etwa zwei Wochen die Jungfische schlüpfen.

Fischsprache
Der Hering macht besonders nachts Geräusche, die vermutlich der Verständigung mit seinen Artgenossen dienen.

Makrele

Merkmale
Der Körper der Makrele ist spindelförmig lang gestreckt. Sie hat ein spitzes Maul, große Augen und eine stark gegabelte Schwanzflosse. Zwischen der zweiten Rücken- und Afterflosse befinden sich fünf kleine Flossen, die man „Flösselchen“ nennt. Die Makrele ist glänzend grünblau, mit dunklen Querstreifen auf dem Rücken.

Makrelen leben in großen Schwärmen.

Lebensraum
Die Makrele ist an den Küsten des Nordatlantiks sowie in der Nord- und Ostsee beheimatet. Sie lebt in küstennahen Gewässern dicht unter der Wasseroberfläche in großen Schwärmen und ist ein schneller Schwimmer. Makrelen ernähren sich von kleinen Krebsen, Fischbrut von Heringen und Dorschen, Sandaalen und Meeresschnecken.

Fortpflanzung
Das Weibchen legt 200.000 bis 400.000 Eier im Wasser ab, aus denen nach sechs Tagen Jungfische schlüpfen.

Miesmuschel

Miesmuschel-Schalen

Merkmale
Die Form der Miesmuschel erinnert an einen lang gezogenen Tropfen. Die leicht gerillten Schalen sind außen braun bis violettschwarz und innen perlmuttartig.

Lebensraum
Du findest die Miesmuschel in der Nord- und Ostsee, im Mittelmeer und Atlantik. Sie lebt in einer Tiefe von bis zu 50 Metern auf festem Untergrund wie Fels oder Holz, aber auch auf Sand- oder Schlickböden. Sie öffnet die Schalen leicht, um winzige Nahrungsteilchen (Plankton) aus dem Wasser zu filtern.

Fortpflanzung
Ein Weibchen legt jedes Jahr zwei- oder dreimal bis zu zwölf Millionen Eier. Die daraus schlüpfenden Larven schwimmen frei umher, sinken später zu Boden und entwickeln sich zu Jungmuscheln.

Verankert
Die Miesmuschel scheidet Haftfäden aus einer Drüse aus, mit denen sie sich am Untergrund festhält. Sie bleibt aber nicht zeitlebens an derselben Stelle festgeheftet. Sie kann klettern, indem sie die Haftfäden mit ihrem Fuß durchtrennt und sich dann wieder neu festheftet.

Gemeiner Tintenfisch

Merkmale
Den Gemeinen Tintenfisch erkennst du an seinem ganz besonderen Körperbau. Er besitzt zehn Arme, die am Kopf sitzen! Deshalb werden Tintenfische Kopffüßer genannt. Die Arme sind mit Saugnäpfen besetzt. Zwei der Arme sind verlängert und an den Enden keulenförmig. Bei Gefahr stößt der Tintenfisch eine dunkle Flüssigkeit (Tinte) aus und entkommt so dem Angreifer.

Der Tintenfisch hat zehn Arme.

Lebensraum
Der Gemeine Tintenfisch kommt im Atlantik, in der Nord- und Ostsee, im Mittelmeer und an der Küste Westafrikas vor. Er gräbt sich tagsüber oft im Sand ein und jagt in der Nacht hauptsächlich Fische und Krebse, die er mit seinen langen Fangarmen ergreift.

Fortpflanzung
Das Weibchen legt etwa 500 braune bis schwarze Eier in Trauben ab. Nach ungefähr zwei Monaten schlüpfen die jungen Tintenfische.

Schalenrest

Tintenfische sind mit den Schnecken und Muscheln verwandt. Sie besitzen aber keine Schale mehr, sondern nur einen verkalkten Rest (Schulp), der im Körperinnern liegt.

Einsiedlerkrebs

Merkmale
Im Gegensatz zu anderen Krebstieren ist der Hinterleib des Einsiedlerkrebses nicht durch einen harten Panzer geschützt. Daher zieht er meist in die leeren Gehäuse von Meeresschnecken ein, um sich vor Feinden zu schützen. Er krabbelt mit seinem weichen Hinterleib rückwärts hinein. Nur der Kopf, die Beine und die Scheren schauen heraus.

Lebensraum
Der Einsiedlerkrebs ist auch in der Nordsee und der westlichen Ostsee beheimatet. Er lebt am Meeresgrund. Dort ernährt er sich von kleinen Würmern, Schnecken, Pflanzen- und Tierresten sowie von Kleinstlebewesen. Er zerkleinert die Nahrung mit der großen Schere und führt sie dann mit der kleinen Schere zum Maul.

Fortpflanzung
Das Weibchen legt Eier, aus denen Larven schlüpfen. Diese müssen sich mehrmals häuten, bis sie erwachsen sind.

Der Einsiedlerkrebs hat sein Haus immer dabei.

Gemeiner Seestern

Merkmale
Der Gemeine Seestern besitzt fünf Arme, die um einen scheibenförmigen Rumpf angeordnet sind. Die Oberseite ist mit Stacheln besetzt. An der Unterseite befinden sich winzige Füße mit Saugnäpfen, die zur Fortbewegung dienen. In der Mitte des Rumpfes liegt die Mundöffnung.

An Land gespülter Seestern

Lebensraum
Seesterne findest du im Wattenmeer oder an der westlichen Ostsee. Ihr Leibgericht sind Muscheln: Mit ihren Armen umschließen sie die Schalen und ziehen sie langsam auseinander. Dann stülpen sie den Magen aus, führen ihn in die Muschel ein und verspeisen den weichen Muschelkörper.

Fortpflanzung
Das Weibchen legt eine riesige Menge von Eiern im Wasser ab. Daraus entwickeln sich frei schwimmende Larven, die sich dann zu Seesternen umwandeln.

Arm ab!
Wenn Seesterne angegriffen werden, schnüren sie oft einen Arm ab, um sich retten zu können.
Doch keine Sorge – der verletzte oder verloren gegangene Arme wird wieder nachgebildet!

Ohrenqualle

Ohrenquallen lassen sich meistens von der Strömung treiben.

Merkmale
Quallen haben einen durchscheinenden Schirm. An dessen Rand sitzt ein Kranz kurzer Fangarme (Tentakeln), die sogenannte Nesselzellen tragen. An der Unterseite in der Mitte des Schirms befinden sich noch vier Mundarme sowie die vier männlichen ohrenförmigen Fortpflanzungsorgane – diesen verdankt die Qualle ihren Namen.

Lebensraum
Ohrenquallen bewohnen alle Weltmeere. Sie ernähren sich von Schwebeteilchen (Plankton), Fischen oder kleinen Krebstieren. Sobald die Beute die Fangarme mit den Nesselzellen berührt, explodieren die Zellen und dringen in das Opfer ein. Dort setzen die Nesselzellen einen Giftstoff frei, der das Opfer lähmt oder tötet.

Fortpflanzung
Die Vermehrung der Ohrenquallen ist kompliziert. Aus einer befruchteten Eizelle entwickelt sich eine frei schwimmende Larve. Sie setzt sich schließlich am Boden fest und wird zu einem kleinen Polypen. Von diesem werden dann sogenannte Medusenlarven abgeschnürt, aus denen später neue Quallen entstehen.

Du benötigst:
1 kleinen Eimer
1 großen Eimer
1 etwa 50 cm langen Holzstab
1 scharfes Messer
etwas Schmirgelpapier

Bastle ein Unterwasser-Beobachtungsgerät

Wenn du an einem kleinen See Urlaub machst oder an einem Weiher zeltest, kannst du das Treiben unter dem Wasser mit einem selbst gebauten Unterwasser-Beobachtungsgerät direkt betrachten. Natürlich muss der See oder der Weiher so flach sein, dass du bequem im Wasser stehen kannst. Auch sollte immer eine erwachsene Person dabei sein.

1. So geht's
Beim Bau dieses Geräts brauchst du unbedingt die Hilfe eines Erwachsenen! Schneide in den Boden des großen Eimers ein Loch. Der kleinere Eimer muss zu zwei Dritteln hindurchpassen. Danach schneidest du den Boden des kleinen Eimers mit zwei gegenüberliegenden Rundungen ab, sodass es aussieht wie die Seiten einer Taucher-maske. Schleife die Kanten mit Schmirgelpapier glatt. Jetzt werden zwei Löcher in die Seiten des großen Eimers geschnitten.

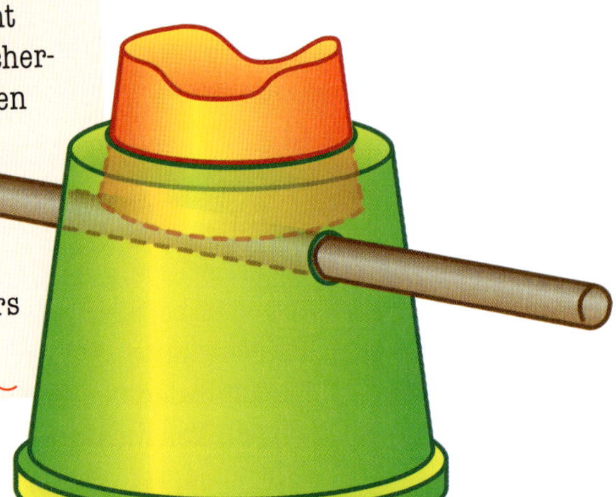

2. Und fertig!
Zum Schluss steckst du den kleinen Eimer von unten in den großen Eimer und den Holzstab durch die Löcher. Der Stab drückt jetzt beide Eimer ineinander. Du kannst die Stabenden, die an beiden Seiten herausragen, als Griffe verwenden und auf Entdeckungsreise im Wasser gehen!

Miesmuscheln als natürlicher Filter

Die Miesmuschel öffnet ihre Schale ein kleines Stückchen und lässt das Meerwasser hindurchströmen. So holt sie nicht nur Sauerstoff zum Atmen aus dem Wasser, sondern filtert auch Plankton und andere kleinste Stoffe heraus. Dabei wird das Wasser klarer und lässt mehr Sonnenlicht durch. So können Unterwasserpflanzen besser wachsen – zum Beispiel Seegras, das ein wichtiger Lebensraum für viele Meerestiere ist. Mit einem Experiment kannst du die Filterleistung der Miesmuschel selbst beobachten – am besten während eines Urlaubs am Strand.

Du benötigst:
2 gleich große Gläser
Meerwasser
Miesmuscheln
1 Kamera

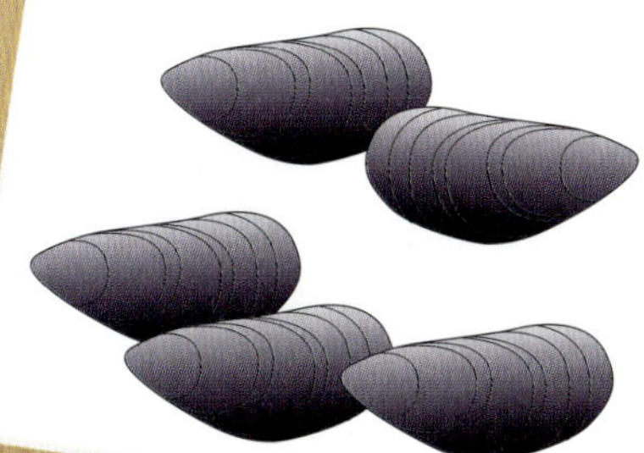

Geschlossene Miesmuscheln kannst du bei Ebbe am Strand finden.

1. So geht's
Gehe bei Ebbe auf eine Miesmuschelbank und pflücke vorsichtig mehrere Muscheln. Fülle die Gläser mit trübem Meerwasser. Lege die Muscheln in ein Glas; das andere Glas bleibt ohne Muscheln. Stelle beide Gläser an einen hellen, aber lichtgeschützten Platz und mache ein Foto von beiden. Warte dann eine Stunde und kontrolliere deine Gläser: Du wirst sehen, dass das Glas ohne Muscheln weiterhin trüb ist. Das Wasser im Glas mit den Muscheln dagegen ist deutlich klarer. Mache erneut ein Foto und vergleiche es mit dem ersten Bild. Jetzt hast du den Beweis für ein gelungenes Experiment.

Gezüchtet
Miesmuscheln siedeln sich in Schichten übereinander an, wodurch Muschelbänke mit bis zu 3000 Tieren pro Quadratmeter entstehen. Um das Meer auf natürliche Art zu reinigen, werden häufig Miesmuscheln gezüchtet!

2. Wichtig!
Sobald deine Forschungsarbeit beendet ist, solltest du die Muscheln unbedingt zurück ins Meer bringen!

Vögel basteln mit Muscheln

In der Nordsee leben viele Muschelarten, deren Schalen an den Strand gespült werden. Bei einem Strandspaziergang findest du oft die Schalen von Herzmuscheln, Bohrmuscheln, Miesmuscheln oder Schwertmuscheln. Gut erhaltene Schalen kannst du sammeln und zu Hause tolle Sachen daraus basteln.

Du benötigst:
6 Herzmuschelschalen
Alleskleber
1 roten,1 schwarzen Filzstift

Am Strand kannst du viele verschiedene Muscheln finden.

1. Vorbereitung
Bevor du aus den gesammelten Muschelschalen etwas bastelst, musst du sie reinigen. Das machst du am besten mit klarem Wasser und einer alten Zahnbürste. Wenn die Schalen sauber und trocken sind, kann es losgehen!

2. Vögel aus Herzmuscheln
Wenn du viele Herzmuschelschalen gesammelt und gereinigt hast, kannst du kleine Vögel daraus basteln. Für einen Vogel brauchst du sechs Muschelschalenhälften.

3. So geht's
Zwei Schalenhälften klebst du zusammen – daraus wird der Vogelkörper. Auf jede Körperseite klebst du eine Schale als Flügel und eine Schalenhälfte hinten als Schwanzfedern. Dann malst du vorne noch einen roten Schnabel und schwarze Augen auf. Wenn alles trocken ist, setzt du den Körper auf die letzte Schalenhälfte, die als Sockel dient – und fertig! Du kannst deine Muschelvögel auch mit bunten Federn schmücken.

Mobile aus Muscheln

Aus den Schalen verschiedener Muscheln und Meeresschnecken kannst du ein schönes Mobile basteln. Es sieht nicht nur hübsch aus, sondern es entstehen auch schöne Klänge bei jedem Windhauch, wenn sich die Muschelschalen berühren.

Du benötigst:
Verschiedene Muschelschalen
1 Handbohrer
Knetmasse
Bastelschnur
1 kleinen Ast
1 Holzrahmen

1. Löcher bohren

Zuerst musst du Löcher in die Muschelschalen bohren. Lege unter jede Muschelschale etwas Knetmasse, die Schale auf ein Holzbrett und bohre mit dem Handbohrer vorsichtig die Löcher. Die Knetmasse verhindert, dass die Schalen beim Bohren brechen. Lasse dir dabei von einem Erwachsenen helfen!

2. Auffädeln

Fädele mehrere Muschelschalen auf eine Schnur. Lasse aber zwischen den einzelnen Schalen Abstand und mache direkt nach jeder Muschel einen Doppelknoten, sonst fallen die Schalen aufeinander. Zwischen den Schalen kannst du auch Federn, Steinchen und andere kleine Dinge, die du am Strand gefunden hast, auffädeln.

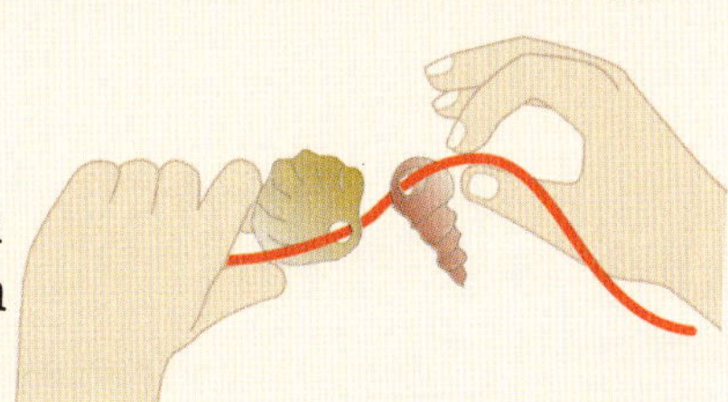

3. Aufhängen

Bastle mehrere Muschelketten von unterschiedlicher Länge. Hänge alle Ketten an dem Ast auf. Du kannst dein Mobile am Fenster oder auf der Terrasse anbringen und den Klängen lauschen.

4. Muschelrahmen

Vielleicht hast du zu Hause einen einfachen Holzbilderrahmen, der ziemlich langweilig aussieht. Mit den Muschelschalen und Schneckenhäuschen, die du am Strand gesammelt hast, kannst du einen tollen Bilderrahmen daraus machen.

5. Verzieren

Klebe die Muschelschalenhälften dicht an dicht auf den Rahmen und lasse den Klebstoff trocknen. Und, ist es schön geworden?

Selbst gemachter Muschelrahmen

erleben

Du benötigst:
1 Aquarium mit Fischen
Fischfutter
1 Klingel oder
1 Eieruhr

Klingelexperiment mit Fischen

Hast du gewusst, dass Fische hören können? Mit folgendem Experiment kannst du das leicht herausfinden und mit etwas Glück die Tiere sogar „dressieren“.

Nur Geduld!
Hast du ein Aquarium? Oder hat einer deiner Freunde eines? Dann kannst du beobachten und testen, dass Fische auf Geräusche reagieren. Für dieses einfache Experiment brauchst du allerdings etwas Geduld.

1. So geht's
Lasse es jedes Mal klingeln oder die Eieruhr läuten, bevor du die Fische fütterst. Nach einigen Tagen lernen die Fische, dass dieses Geräusch Futter ankündigt. Und schon schwimmen sie an die Oberfläche, denn sie wissen, dass es etwas Leckeres gibt, wenn es klingelt. Auch in Zukunft werden sie bei diesem Klingelton immer herbeischwimmen.

2. Nicht zu oft klingeln!
Du darfst es aber nicht übertreiben. Denke daran, dass die Schallwellen im Wasser wesentlich besser übertragen werden als in der Luft. Zu viele und zu laute Geräusche verursachen bei den Fischen Stress und machen ihnen Angst. Aus diesem Grund darf man auch niemals gegen das Aquarienglas klopfen!

Was du über Amphibien wissen solltest

Frösche gehören zu den Amphibien.

Amphibien gehören zu den Wirbeltieren. Das Wort „Amphibia“ ist griechisch und bedeutet so etwas wie „doppellebig“. Dieser Name kommt daher, weil diese Tiere sowohl an Land als auch im Wasser leben können. Die meisten Amphibien durchlaufen ein Larvenstadium im Wasser und machen eine Verwandlung durch, nach der sie an Land leben können.

Merkmale
Amphibien haben meist vier Gliedmaßen. Diese können wie zum Beispiel beim Feuersalamander gleich lang oder wie bei Fröschen unterschiedlich lang sein. Manchmal sind sie auch zurückgebildet wie bei den Blindwühlen. Alle Amphibien haben eine nackte Haut ohne Schuppen. Sie kann glatt oder warzig sein und ist oft mit Giftdrüsen versehen. Die Haut darf auch an Land nie ganz austrocknen. Amphibien können gut sehen und riechen, hören jedoch meist nicht sehr gut.

Verbreitung
Schwanzlurche kommen hauptsächlich in Regionen mit gemäßigtem Klima vor. Froschlurche sind in allen Erdteilen zu finden. Sie fehlen nur in den Polargebieten.

Eine Gelbbauchunke

Auch Feuersalamander sind Amphibien.

Amphibien werden in drei Gruppen unterteilt:
- Schwanzlurche haben zeitlebens einen Schwanz (Salamander, Molche).
- Froschlurche haben als erwachsene Tiere keinen Schwanz (Frösche, Kröten, Unken).
- Die nur in den Tropen vorkommenden wurmförmigen Blindwühlen haben keine Gliedmaßen.

wissen

Schwanzlurche wie der Wassermolch überwintern in Erdlöchern.

Nachttiere

Viele Amphibien sind in der Nacht aktiv. So können sie sich vor ihren Fressfeinden besser schützen. Außerdem ist es nachts kühler, wodurch die Haut weniger Wasser verliert und feucht bleibt.

Lebensweise

Amphibien sind wechselwarme Tiere. Das heißt, dass ihre Körpertemperatur von der Temperatur der Umgebung abhängig ist. Bei sehr tiefen Temperaturen fallen sie in eine Kältestarre. Während dieser Winterruhe verkriechen sich viele Frösche in den Bodenschlamm ihrer Heimatgewässer. Kröten und Schwanzlurche vergraben sich in feuchter Erde und überwintern in diesen Erdlöchern. In dieser Zeit fressen die Tiere nicht und atmen nur sehr langsam.

Frösche quaken mit den Schallblasen.

Molche ernähren sich wie alle erwachsenen Amphibien von Fleisch.

Fressfeinde der Amphibien

Amphibien leben gefährlich, denn sie bilden eine wichtige Nahrungsgrundlage für viele andere Tiere. Die größten Feinde der Larven sind Fische und Wasservögel. Zu den Hauptfeinden der erwachsenen Tiere zählen Säugetiere, Vögel und Reptilien.

Ernährung

Alle ausgewachsenen Amphibien sind Fleischfresser. Auf ihrer Speisekarte stehen kleine Insekten, Spinnen, Schnecken und Würmer. Größere Lurche verspeisen sogar kleine Säugetiere wie zum Beispiel Mäuse. Die Larven der Froschlurche ernähren sich dagegen hauptsächlich von Wasserpflanzen, während die Molchkinder reine Fleischfresser sind wie ihre Eltern.

Fortpflanzung
Die meisten Amphibien legen ihre Eier, den sogenannten Laich, im Wasser ab. Daraus entwickeln sich die Larven, die man Kaulquappen nennt. Diese sehen vollkommen anders aus als ihre Eltern. Sie machen nun eine Entwicklung durch, die einige Wochen bis zu mehrere Monate dauern kann. Während dieser Zeit verändern sie ständig ihre Gestalt, bis sie schließlich ausgewachsen sind und wie ihre Eltern aussehen. Wie das geht, kannst du am Beispiel der Frösche sehen:

Nachwuchs bei den Laubfröschen

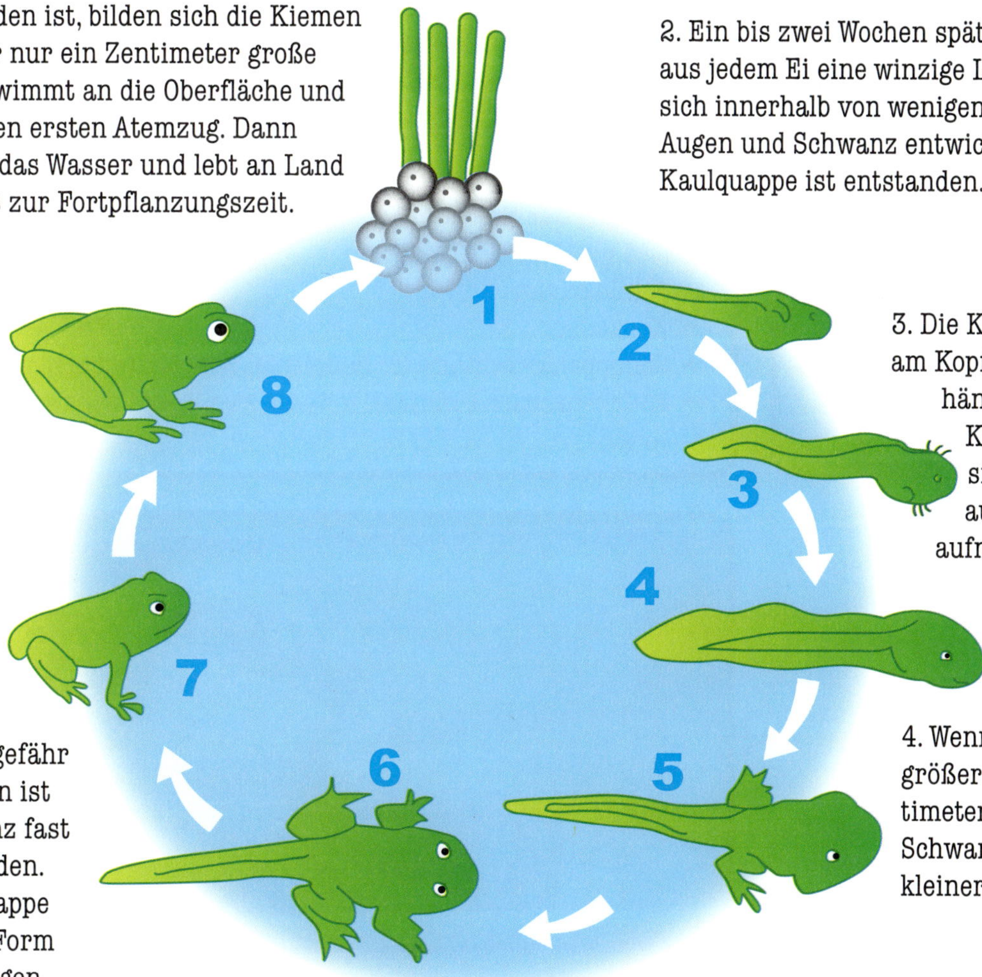

1. Das Weibchen legt die Eier im Wasser ab. Dort werden sie vom Männchen befruchtet.

2. Ein bis zwei Wochen später schlüpft aus jedem Ei eine winzige Larve, bei der sich innerhalb von wenigen Tagen Mund, Augen und Schwanz entwickeln – eine Kaulquappe ist entstanden.

3. Die Kaulquappe hat am Kopf federartige Anhängsel. Das sind die Kiemen, mit denen sie Sauerstoff aus dem Wasser aufnimmt.

4. Wenn die Kaulquappe größer als zwei Zentimeter ist, beginnen Schwanz und Kiemen kleiner zu werden.

5. Jetzt ist die Kaulquappe etwa fünf Wochen alt und etwa drei Zentimeter groß. Sie hat schon Hinterbeine, die mit jedem Tag länger werden.

6. Wenn die Kaulquappe etwa sechs Wochen alt ist, erscheinen auch die Vorderbeine.

7. Nach ungefähr acht Wochen ist der Schwanz fast verschwunden. Die Kaulquappe nimmt die Form eines winzigen Frosches an, der jetzt auch voll entwickelte Lungen besitzt.

8. Sobald die Beine ihre volle Größe erreicht haben und der Schwanz komplett verschwunden ist, bilden sich die Kiemen zurück. Der nur ein Zentimeter große Frosch schwimmt an die Oberfläche und macht seinen ersten Atemzug. Dann verlässt er das Wasser und lebt an Land weiter – bis zur Fortpflanzungszeit.

Alpensalamander sind lebend gebärende Amphibien.

Nachwuchs ohne Eier

Es gibt auch einige wenige Amphibienarten, die lebend gebären wie beispielsweise der Feuersalamander und der Alpensalamander. Diese Tiere legen keine Eier. Die Eier entwickeln sich im Bauch der Mutter und sie bringt dann die Jungen lebend zur Welt. Einige Arten wiederum verbringen ihr ganzes Dasein als Larve und leben ständig im Wasser, wie etwa der Grottenolm, der bei uns jedoch nicht vorkommt.

→ Was du über Reptilien wissen solltest

Mauereidechsen sind Reptilien.

Reptilien sind Wirbeltiere mit Skelett und Wirbelsäule aus Knochen. Anders als die Amphibien, die ans Wasser gebunden sind, kannst du Reptilien auch in trockeneren Lebensräumen finden. Ihre Haut ist nämlich mit schützenden Schuppen oder Schildern bedeckt. Auch sind ihre Eier besser geschützt, weil sie eine festere Schale haben.

Einteilung der Reptilien

Es gibt vier Reptiliengruppen:

- → Schildkröten
- → Krokodile
- → Schuppenkriechtiere (zum Beispiel Echsen und Schlangen)
- → Brückenechsen (Tuatara, mit nur zwei heute noch lebenden Arten)

Merkmale

Kennzeichnend für Reptilien ist vor allem die trockene, mit Hornschuppen bedeckte Haut. Die Schuppen schützen die Haut vor dem Austrocknen und vor Verletzungen. Schlangen und Echsen streifen die oberste Hornschicht regelmäßig ab, das heißt, sie häuten sich. Die meisten Reptilien haben vier Gliedmaßen. Bei den Schlangen und einigen Echsen, zum Beispiel der Blindschleiche, sind die Beine zurückgebildet.

Auch Schlangen wie die Ringelnatter sind Reptilien.

Weitere Merkmale
Kennzeichnend ist auch ein mehr oder weniger langer Schwanz. Reptilien atmen, wie die Säugetiere auch, durch Lungen. Sie sind wechselwarme Tiere, das heißt, dass sie von der Temperatur der Umgebung abhängig sind. Sie müssen sich erst einmal aufwärmen, bevor sie munter werden. Daher kannst du sie am Vormittag häufig beim Sonnenbaden beobachten.

Schlangen riechen und schmecken beim Züngeln.

Krokodile sind Reptilien, die vor allem an Flüssen und Seen auf die Jagd gehen.

Die Sinne
Die meisten Reptilien können gut sehen. Aber auch ihre übrigen Sinne sind oft gut ausgebildet, so nehmen sie zum Beispiel Duftstoffe aus der Luft über die vorgestreckte Zunge auf. Deshalb sieht man Schlangen und andere Reptilien häufig „züngeln". Die Zunge „riecht" und „schmeckt" die Stoffe und hilft dem Tier so bei der Nahrungs- und Partnersuche.

Verbreitung und Lebensraum
Die meisten Reptilien leben an Land. Einige sind jedoch wieder ins Wasser zurückgekehrt, wie beispielsweise Meeresschildkröten und Seeschlangen. Sie haben sich ganz dem Leben im Wasser angepasst und kommen höchstens noch zur Eiablage an Land. Es gibt auch Arten, die auf Bäumen leben, zum Beispiel die Flugdrachen. Die meisten Reptilienarten gibt es in den tropischen und subtropischen Gebieten.

Warm soll es sein
Weil es sich bei den Reptilien um wechselwarme Tiere handelt, sind die meisten von ihnen tagsüber aktiv. Wird es ihnen zu heiß, suchen sie sich allerdings einen schattigen Platz, um sich wieder abzukühlen. Bei uns können nur wenige Arten leben, da es den meisten zu kalt ist.

Ernährung
Der Speiseplan der Reptilien ist sehr vielfältig. Schildkröten sind größtenteils Allesfresser. Wie du sicher schon weißt, sind Krokodile reine Fleischfresser und verspeisen Fische, andere Reptilien und sogar große Säugetiere wie Flusspferde. Schlangen sind ebenfalls Fleischfresser. Auch die meisten Echsen ernähren sich von tierischer Kost; eine Ausnahme bilden die exotischen Leguane und Agamen, die eine vegetarische Kost vorziehen.

Hier schlüpft eine Schildkröte aus dem Ei.

Einige Schildkröten ernähren sich von Pflanzen, andere fressen Tiere, etwa Fische.

Die Vorfahren
Reptilien bevölkern die Erde seit etwa 300 Millionen Jahren. Sie waren die ersten Tiere, die ausschließlich an Land leben konnten und beherrschten Millionen von Jahren die Erde. Zu ihnen gehörten auch die Dinosaurier, die vor 65 Millionen Jahren ausstarben.

Fortpflanzung
Die meisten Reptilien legen Eier mit einer pergamentartigen oder kalkhaltigen Schale. Eine Larvenentwicklung wie bei den Amphibien gibt es nicht. Die ausschlüpfenden Jungen sind völlig selbstständig. Einige Echsen wie Blindschleichen, Bergeidechsen sowie manche Schlangen, zum Beispiel die Kreuzotter, legen keine Eier, sondern sind lebend gebärend. Das heißt, die Jungen entwickeln sich im Mutterleib vollständig und kommen lebend zur Welt.

Wusstest du, dass Dinosaurier auch Reptilien waren?

Bergmolch

Merkmale
Außerhalb der Paarungszeit ist der Bergmolch unscheinbar dunkelgrau. Im Frühling bekommen die Männchen dann aber ihre bunte Wassertracht mit dem auffällig orangefarbenen Bauch. Außerdem erkennst du sie an ihrem hellgelb und schwarz getupften Rückenkamm.

Ein Bergmolch

Lebensraum
Der Bergmolch lebt meist in und an Tümpeln und Teichen im Bergland. Wie alle Amphibien verbringt er seine Kindheit im Wasser, lebt aber als erwachsenes Tier an Land oder an feuchten Ufern. Dort jagt er Würmer, Schnecken und Käfer.

Fortpflanzung
Im Frühjahr gehen die Bergmolche ins Wasser, um sich dort fortzupflanzen. Nach der Paarung im Wasser legt das Weibchen seine Eier an Wasserpflanzen ab. Die Larven werden nach drei Monaten zu erwachsenen Molchen und gehen an Land.

Nachtleben
An Land ist der Bergmolch nachtaktiv. Tagsüber versteckt er sich unter Steinen oder Holz und ruht.

Feuersalamander

Merkmale
Der Feuersalamander ist auch eine Amphibie. Er hat einen glänzend schwarzen Körper mit gelb oder orange gefärbten Flecken. Damit warnt er seine Feinde. Er hat am Rücken und hinter den Ohröffnungen nämlich Hautdrüsen, die einen giftigen Stoff absondern.

Lebensraum
Der Feuersalamander versteckt sich am Tag in Erdhöhlen, unter Steinen oder unter Laub am Boden. In der Nacht jagt er Insekten, Spinnen, Tausendfüßer, Würmer und Schnecken.

Fortpflanzung
Nur zur Fortpflanzung geht der Feuersalamander in einen Weiher oder Bach. Nach der Paarung entwickeln sich im Bauch der Mutter die Larven, die im Wasser lebend zur Welt kommen. Sie ähneln Kaulquappen und verwandeln sich nach drei Monaten in erwachsene Salamander. Dann gehen sie an Land.

Ein Feuersalamander

→ Laubfrosch

Ein Laubfrosch

Merkmale
Du erkennst den Laubfrosch an seiner glatten Haut, die auf dem Rücken leuchtend grün gefärbt ist. Der Bauch ist weiß bis grau. Der Laubfrosch kann seine Farbe je nach Stimmung, Temperatur und Licht verändern – von knallgrün bei hellem Sonnenschein bis dunkelgrün im Schatten.

Lebensraum
Diese Amphibie lebt die meiste Zeit auf Bäumen und Sträuchern in Gewässernähe. Er verspeist am liebsten Insekten und deren Larven, die er mit seiner langen klebrigen Zunge fängt.

Fortpflanzung
Sobald die Paarungszeit beginnt, geht der Laubfrosch ins Wasser. Am See- oder Teichufer versammeln sich die Männchen und geben ihre allabendlichen „Quakkonzerte", um die Weibchen anzulocken. Dazu benutzen sie ihre Schallblase an der Kehle, die wie ein Ballon aufgebläht wird.

Kletterkünstler
Der Laubfrosch ist ein geschickter Kletterer. An seinen Finger- und Zehenspitzen hat er runde Haftballen, mit denen er sich an Ästen und Blättern von Bäumen und Sträuchern festhalten kann.

→ Erdkröte

Merkmale
Diese Amphibien können auf dem Rücken gelb-, grau-, rot- oder dunkelbraun gefärbt sein. Ihre Haut ist voller Warzen. Der Bauch ist heller gefärbt. Die Erdkröte hat kurze Hinterbeine und kann bei Gefahr schnell davonspringen.

Lebensraum
Die Erdkröte fühlt sich in Wäldern, auf Wiesen, in Hecken und in naturnahen Gärten wohl – vorausgesetzt, ein ruhiges Gewässer ist in der Nähe. Auf der Speisekarte stehen Würmer, Schnecken, Spinnen und Asseln.

Eine Erdkröte von vorne

Fortpflanzung
In der Paarungszeit wandern die Tiere zu den Laichgewässern. Später legt das Weibchen seine Eier im Wasser ab. Die Kaulquappen leben im Wasser. Nach drei bis vier Monaten verwandeln sie sich in kleine Erdkröten und gehen an Land.

bestimmen

Blindschleiche

Merkmale
Die Blindschleiche ist ein Reptil und sieht für dich auf den ersten Blick sicher wie eine Schlange aus. Tatsächlich ist sie aber eine Echse ohne Beine. Daher bewegt sie sich schlängelnd fort. Bei Gefahr kann sie den Schwanz abwerfen.

Die Blindschleiche ist keine Schlange, sondern eine Echse ohne Beine.

Lebensraum
Die Blindschleiche lebt in Laubwäldern, auf Feuchtwiesen, in Gärten und in Parks. Sie ernährt sich von Nacktschnecken, Würmern, Insekten, Spinnen und Asseln. Den Winter verbringt sie in langen unterirdischen Gängen, die sie oft selbst bohrt.

Fortpflanzung
Das Weibchen bringt lebende Junge zur Welt. Diese sind bei der Geburt von einer dünnen durchsichtigen Eihülle umgeben, die sofort nach dem Schlüpfen zerreißt.

Zauneidechse

Ein Zauneidechsenkind

Merkmale
Die Zauneidechse, ein Reptil, hat kurze Beine und einen ziemlich langen Schwanz. Der Rücken des Männchens ist bräunlich, die Seiten sind grünlich und tragen dunkle Flecken. Das Weibchen ist braun mit dunkler Zeichnung.

Lebensraum
Die Zauneidechse lebt an warmen Böschungen, auf Trockenwiesen und in Gärten. Sie nimmt morgens ausgiebige Sonnenbäder, um sich aufzuwärmen. Sie ernährt sich von Insekten, Spinnen und Schnecken.

Fortpflanzung
Nach der Paarung legt das Weibchen seine Eier meist in einer selbst gegrabenen Erdhöhle ab. Die Jungen sind nach dem Schlüpfen sofort selbstständig.

Schwanz ab!
Die Zauneidechse kann bei Gefahr den Schwanz an einer bestimmten Stelle abwerfen, um ihren Verfolger abzulenken. Der Schwanz wächst später wieder nach, er ist dann aber kürzer und etwas anders gefärbt.

Kreuzotter

Die Kreuzotter hat ein Zickzackband auf dem Rücken.

Merkmale
Die Kreuzotter ist ein Reptil. Sie hat einen dreieckigen Kopf und eine kurze Schnauze. Das Männchen ist grau bis graubraun, das Weibchen gelblich bis dunkelbraun gefärbt. Die Kreuzotter hat zwei Giftzähne, mit denen sie ihre Beutetiere tötet.

Lebensraum
Sie lebt in Moorgebieten, auf feuchten Wiesen und auf Waldlichtungen. Am liebsten frisst sie Mäuse, aber auch Maulwürfe, Blindschleichen und Jungvögel stehen auf ihrem Speiseplan. Sie ist die einzige heimische Giftschlange. Auch wenn ihr Biss für Menschen so gut wie nie tödlich ist, solltest du dich in Acht nehmen!

Fortpflanzung
Das Weibchen bringt lebende Junge zur Welt. Sie befinden sich in einer Eihülle, die die Jungschlangen nach der Geburt aufreißen.

Europäische Sumpfschildkröte

Merkmale
Der Rückenpanzer dieses Reptils ist dunkelbraun. Der Bauchpanzer ist hell und hat dunkle Flecken. Die Beine sind mit Schuppen besetzt. Zwischen den Zehen spannen sich Schwimmhäute.

Lebensraum
Unsere einzige heimische, aber sehr seltene Schildkröte liebt die Nähe des Wassers. Sie lebt in stillen oder langsam fließenden Gewässern, im Uferbereich von Seen oder in Teichen. Sie verspeist gern Fische, Frösche und Molche sowie Krebstiere und Insektenlarven.

Die Sumpfschildkröte lebt in und am Wasser.

Fortpflanzung
Das Weibchen legt seine Eier an einem sehr warmen Tag ab. Dazu gräbt es an einer sonnigen Stelle eine Grube in feuchte Böden. Nach der Eiablage verschließt es das Nest und verlässt es. Nach 80 bis 120 Tagen schlüpfen die Schildkrötenbabys, die sofort ins Wasser gehen.

Hohes Alter
Wie alle Schildkröten kann auch die Europäische Sumpfschildkröte ein hohes Alter erreichen. Sie wird 50 bis 70 Jahre alt.

Krötenwanderung

Vielleicht hast du schon einmal beobachtet, wie die Erdkröten im Frühjahr große Wanderungen unternehmen. Sie erwachen aus ihrer Winterstarre, verlassen ihre Erdlöcher im Wald und ziehen Richtung Wasser, um sich dort fortzupflanzen. Manchmal sind mehrere Tausend Kröten gleichzeitig unterwegs.

Autofahrer sollten Rücksicht auf die Krötenwanderungen nehmen und langsamer fahren.

Ein Weg voller Gefahren

Die Erdkröten wandern jedes Frühjahr zum Laichen zu dem Gewässer zurück, in dem sie selbst geschlüpft sind. Manchmal müssen die Kröten mehrere Tage laufen, um ihr Ziel zu erreichen. Auf ihren nächtlichen Wanderwegen müssen die Tiere jedoch auch Straßen überqueren. Weil sie in der Dunkelheit kaum zu sehen sind, werden viele von ihnen überfahren.

Krötenzäune schützen Kröten bei ihrer Wanderung.

Warnschilder

Um den Tieren zu helfen, stellen Naturschützer an solchen gefährlichen Orten Warnschilder auf, die eine Kröte abbilden. Sie weisen Autofahrer darauf hin, dass an dieser Stelle ein Krötenwanderweg ist. Daher sollten die Autofahrer langsamer fahren, wenn sie solche Schilder sehen. Manche Straßen werden für die Zeit der Hauptwanderung sogar gesperrt.

Krötenzaun

Guten Schutz bieten auch kleine Kunststoffzäune, die an beiden Seiten der Straße aufgestellt werden. Sie hindern die Tiere daran, auf die Straße zu hüpfen. Am Zaun entlang werden alle paar Meter Eimer in den Boden eingegraben. Während die Kröten entlang des Zauns einen Durchschlupf suchen, fallen sie in einen der Eimer hinein. In diesen Eimern werden sie dann von Naturschützern über die Straße getragen und wieder freigelassen. Auch du kannst unter die Naturschützer gehen!

Auch du kannst mithelfen, dass die Kröten sicher zu den Laichplätzen kommen!

Du musst keine Angst vor Kröten haben, sie sind völlig ungefährlich.

Mach mit!
Bei diesen Schutzaktionen kann jeder mitmachen, auch Kinder. Wenn du auch daran teilnehmen möchtest, kannst du dich zum Beispiel an einen Naturschutzverein in der Nähe deines Wohnortes wenden. Den Kröten bei Ihren Wanderungen zu helfen, macht nicht nur Spaß, sondern wird dir auch ein gutes Gefühl geben. Du weißt nachher, dass du einigen Tieren das Leben gerettet hast.

Trau dich!
Du musst keine Angst haben, dass dir die Kröten etwas tun. Sie sind völlig ungefährlich und du musst dich auch nicht vor ihnen ekeln. Vielleicht wollen dich ja auch deine Eltern oder Freunde bei einer Schutzaktion begleiten – dann macht es noch mehr Spaß!

Huckepack
Kröten müssen bei ihren Wanderungen manchmal bis zu fünf Kilometer weit laufen. Auf dem Weg dorthin finden sie meist auch den richtigen Partner. Oft klammern sich die kleineren Krötenmännchen gleich an den Weibchen fest und lassen sich dann den ganzen Weg zu den Laichgewässern auf dem Rücken mitnehmen.

Unterirdisch
Praktisch sind auch sogenannte Krötentunnel an den Krötenzäunen. Das sind Betonrohre, die unter der Straße hindurchführen. Die Kröten kommen am Zaun nicht mehr weiter und wandern daher am Zaun entlang, bis sie zu einem Tunnel kommen. Hier können sie ohne Gefahr und menschliche Hilfe weiterwandern.

Das Männchen lässt sich vom Weibchen tragen.

→ Eine Schlange basteln

Schlangen sind faszinierende Tiere. Leider kannst du ihnen nur sehr selten in der freien Natur begegnen. Doch wie wäre es mit einer Schlange, die du selbst aus Naturmaterialien bastelst? Sehr dekorativ sieht eine Schlange aus Holz aus.

Du benötigst:
1 ziemlich dünnen langen Ast (etwa 4 cm Durchmesser)
mehrere bunte Holzperlen (etwa 1 cm Durchmesser)
2 Wackelaugen
1 feste Schnur
Handsäge
Handbohrer
Klebstoff
unbedingt die Hilfe eines Erwachsenen

1. Der Ast
Besonders im Herbst, wenn Bäume und große Sträucher im Garten geschnitten werden, fällt viel Holzabfall an. Dort findest du bestimmt einen geeigneten Ast. Davon sägst du viele dicke Scheiben ab. Das dickere Endstück des Astes lässt du ziemlich groß, denn es soll der Kopf werden.

2. Das Bohren
In die Mitte jeder Astscheibe bohrst du mit dem Handbohrer ein Loch. In das längere Kopfstück wird ein Mund gesägt. Anschließend bohrst du ein Loch in den „Rachen“. Bei diesen Arbeitsschritten musst du sehr vorsichtig sein und dir von einem Erwachsenen helfen lassen!

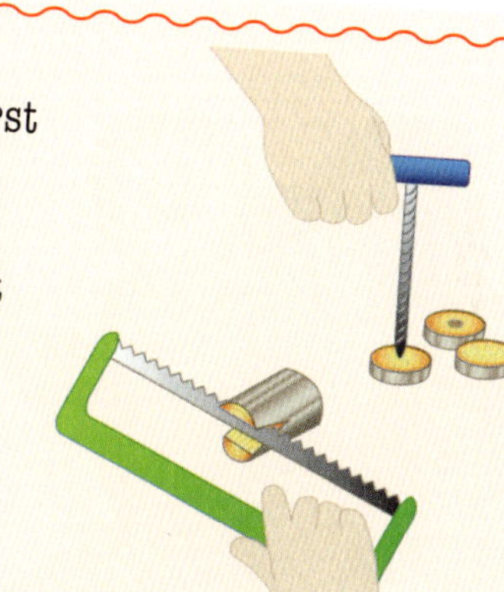

3. Das Auffädeln
Jetzt fädelst du immer abwechselnd Holzscheiben und Perlen auf die Schnur. Führe das Ende der Schnur durch den Kopf der Schlange und verknote sie zu einer langen Zunge. Wenn du eine farbige Schnur verwendest, hat deine Schlange auch eine bunte Zunge!

4. Und fertig!
Jetzt brauchst du nur noch die Wackelaugen auf den Kopf zu kleben – und fertig ist deine Astschlange! Du kannst damit dein Zimmer dekorieren oder die Schlange einfach über die Äste eines Baums „kriechen“ lassen.

Du benötigst:
1 Einmachglas
grüne, weiße und schwarze Knetmasse
1 Holzleiter aus dem Zooladen
Vogel- oder Aquariensand
kleine Kieselsteine
Klebstoff

Einen Wetterfrosch basteln

Können Frösche das Wetter vorhersagen? Ja, der Laubfrosch kann das tatsächlich! Und warum? An sonnigen Tagen klettert er oft auf die höheren Zweige der Bäume und Sträucher. Bei schlechtem Wetter hält er sich eher in Bodennähe auf. Der Grund: Insekten, die Hauptnahrung der Frösche, fliegen bei schönem Wetter höher als bei Regen. Ein Spielzeugfrosch im Glas kann zwar leider das Wetter nicht vorhersagen, sieht aber sehr lustig aus.

1. Die Einzelteile
Für den Froschkörper formst du eine große Kugel aus grüner Knetmasse. Ebenfalls aus grüner Knetmasse rollst du eine breite und lange Wurst. Die beiden Enden schneidest du mit einem stumpfen Messer ab und drückst sie etwas flach. Das werden die Vorderbeine. Die längere Wurst formst du schlangenartig und drückst die Enden ebenfalls flach. Daraus werden die Hinterbeine. Du formst noch zwei kleinere Kugeln aus grüner Knetmasse für die Augäpfel und zwei noch kleinere weiße als Iris und zwei winzige schwarze Kugeln für die Pupillen. Die weißen und schwarzen Kugeln drückst du flach.

2. Das Zusammensetzen
Jetzt werden die Einzelteile zusammengesetzt. Danach kannst du mit einem Holzstäbchen Einzelheiten wie Mund und Nasenlöcher einschneiden. Dadurch sehen deine Frösche fast echt aus.

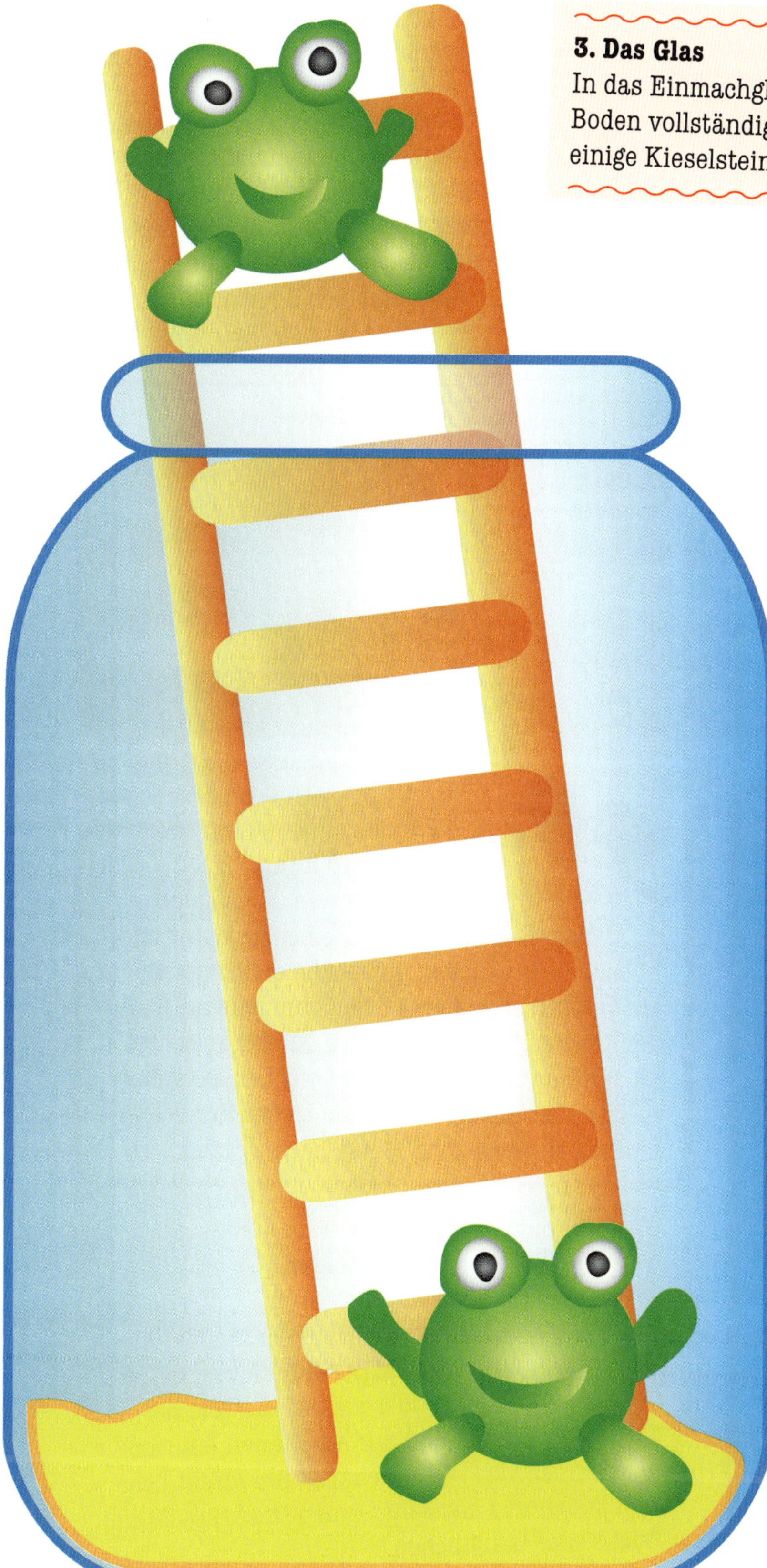

3. Das Glas
In das Einmachglas füllst du so viel Sand, bis der Boden vollständig bedeckt ist. Darüber kannst du einige Kieselsteine als Dekoration verteilen.

4. Und fertig!
Einen Frosch setzt du auf den Sand. Auf der Holzleiter befestigst du mit einem starken Klebstoff den zweiten Frosch. Es soll so aussehen, als würde er gerade hochklettern. Dann stellst du die Leiter ins Glas. Das Glas kannst du nun auf dein Fensterbrett stellen. Und schon hast du deinen eigenen Wetterfrosch!

Es geht noch schöner!
Wenn du Lust hast, kannst du das Glas auch noch verfeinern: Male eine Sonne und mehrere Regentropfen und schneide sie aus. Die Sonne klebst du anschließend auf die Leiter. Die Regentropfen klebst du am Glas fest.

Was du über Bäume und Sträucher wissen solltest

Sträucher verzweigen sich dicht über dem Boden.

Was sind Gehölze?

Bäume und Sträucher gehören zu den sogenannten Gehölzen. Das sind Pflanzen, die über viele Jahre hinweg wachsen und immer wieder blühen. Im Gegensatz zu Blumen und Gräsern verholzen die Triebe von Bäumen und Sträuchern mit der Zeit. Der Teil eines Gehölzes, den du über der Erde sehen kannst, besteht aus Stamm, Ästen und Zweigen. Unter der Erde befinden sich die Wurzeln.

Baum oder Strauch?

Wenn du dir die vielen Gehölze ansiehst, die im Wald oder im Garten wachsen, fällt dir vielleicht auf, dass es manchmal gar nicht so einfach ist, Bäume und Sträucher zu unterscheiden. Nun könnte man auf die Idee kommen, es sich so zu erklären: Die großen Gehölze sind Bäume, die kleineren Sträucher. Doch so einfach ist es nicht. Denn einige Sträucher können höher werden als manche Bäume, während manche Bäume eher wie Sträucher aussehen.

Ein Baum hat einen deutlichen Einzelstamm.

1000-jährige Eiche

Größer und älter

Natürlich werden die meisten Bäume auch größer (25 bis 30 Meter und höher) als Sträucher. Außerdem erreichen sie ein wesentlich höheres Alter, zum Beispiel werden Buchen bis zu 800 Jahre, Eichen sogar bis zu 1000 Jahre alt. Sträucher werden meistens nicht höher als drei bis sechs Meter. Nur selten können sie auch zehn Meter hoch werden.

So kannst du sie unterscheiden

Es gibt aber einen Hauptunterschied, den du dir leicht merken kannst: Ein Baum hat immer einen deutlichen Einzelstamm. Seine Äste verzweigen sich in einer Krone. Oder sie bilden – wie Nadelbäume – direkt und nur am Stamm Äste aus. Ein Strauch verzweigt sich dagegen direkt über dem Boden und hat daher immer mehrere dünne Triebe oder Stämmchen.

Nadelbäume sind kegelförmig, Laubbäume haben eine runde oder ovale Krone.

Nadelbäume
Im Gegensatz zu den Laubbäumen tragen Nadelbäume sehr schmale Blätter, die man Nadelblätter oder einfach Nadeln nennt. Die meisten Nadelbäume sind immergrün, das heißt, sie behalten im Winter ihre Nadeln. Nur wenige Arten, wie die Lärche, werfen ihre Nadeln im Herbst ab. Auch im Wuchs unterscheiden sich die Nadelbäume von den Laubbäumen. Sie bilden meist kegelförmige Kronen, sind also unten breit und oben spitz.

Laubbäume
Bäume werden in Laub- und Nadelbäume unterteilt. Alle Bäume, die breite Blätter mit verzweigten Adern tragen, nennt man Laubbäume. Manche von ihnen werfen ihre Blätter im Herbst ab, andere behalten sie auch im Winter, sind also immergrün. Laubbäume haben mehrere große Äste, die sich in Zweige unterteilen. So entsteht eine runde oder ovale Krone.

Laubblätter unterscheiden sich deutlich von Nadelblättern.

Nadelbäume haben sehr schmale, mit einer Wachsschicht überzogene Blätter.

Aufgabe der Blätter
Blätter sind für eine Pflanze sehr wichtig, denn in ihnen werden mithilfe von Sonnenenergie aus Wasser und dem Kohlenstoffdioxid der Luft energiereiche, für die Pflanze lebensnotwendige Substanzen hergestellt. Gleichzeitig wird Sauerstoff an die Luft abgegeben. Dieser Vorgang heißt Fotosynthese. Er ist einer der wichtigsten biologischen Vorgänge auf der Erde, denn ohne Sauerstoff könnten wir nicht leben.

Bäume und Sträucher

Blattformen

Die Blätter der verschiedenen Baum- und Straucharten können ganz unterschiedlich geformt sein. Die Blattform ist sehr wichtig, wenn du eine Pflanze bestimmen möchtest. Es gibt sie in vielen verschiedenen Größen und Formen: Manche Blätter sind zum Beispiel gefiedert, manche herzförmig, andere sind rund oder länglich und spitz.

Blattränder

Ein weiteres wichtiges Merkmal zur Bestimmung einer Pflanzenart ist der Blattrand. Zum Beispiel können Blätter einen glatten oder auch einen gezähnten Rand haben. Wenn du ein Blatt ganz genau betrachtest, kannst du gut erkennen, wie der Rand eines Blatts aussieht.

In der Nacht wird geatmet!

Die Fotosynthese ist von Sonnenlicht abhängig und findet daher nur bei Tag statt. Nachts „atmen" die Pflanzen und verbrauchen also Sauerstoff.

Grüne Blätter

Im Frühling und Sommer sind die Blätter der Laubbäume und -sträucher grün. Das Grün entsteht durch einen Farbstoff, der Blattgrün heißt. In einem frischen grünen Blatt sind aber auch andere Farbstoffe vorhanden, die für das Gelb, Rot oder Orange verantwortlich sind. Doch sie werden vom Blattgrün überdeckt.

Leuchtende Herbstfärbung
Im Herbst wird es nicht nur kühler, auch die Blätter an den Laubbäumen und -sträuchern färben sich leuchtend bunt. Sie werden gelb, orange, rot und braun. Du hast dich bestimmt schon einmal gefragt, warum die Blätter im Herbst ihre grüne Farbe verlieren und dann abgeworfen werden. Was für uns im Herbst so hübsch aussieht, ist eigentlich eine Vorsichtsmaßnahme der Bäume und Sträucher, die dafür sorgt, dass wertvolle im Blattgrün enthaltene Substanzen nicht verloren gehen. Daher lagern Bäume und Sträucher das Blattgrün zu Beginn der kalten Jahreszeit in den Stamm und die Äste ein. Dadurch wird sichtbar, dass die Blätter eigentlich auch gelbe und orangefarbene Farbstoffe enthalten.

In der Regel sind Nadelbäume auch im Winter grün.

Bunt gefärbter Herbstwald

Die Nadeln bleiben
Nadelbäume dagegen behalten ihre Blätter. Wegen der geringen Oberfläche und ihrer Wachsschicht verdunsten Nadeln allgemein nur wenig Wasser. Dies verhindert, dass Nadelbäume zu viel Wasser verlieren und verdursten.

Warum fallen die Blätter im Herbst ab?
Sobald das Blattgrün abtransportiert wurde, bildet sich zwischen Zweig und Blatt eine Korkschicht aus. Diese verschließt die Verbindungskanäle und das Blatt bekommt kein Wasser und keine Nährstoffe mehr. Es verdurstet und verhungert und fällt dann irgendwann ab. Meist reicht schon ein kleiner Windstoß.

Leer gefegt – im Herbst verlieren Laubbäume ihre Blätter.

Ahorn

Merkmale
Die verschiedenen Ahornarten besitzen meist fünflappige Blätter, wobei die Form der einzelnen Lappen von Art zu Art verschieden sein kann. Ahorne sind auch bekannt für ihre herrliche Herbstfärbung von Gelb über Orange bis zu Braun. Die einzelnen Ahornblüten sind unscheinbar, sie bilden jedoch auffällige, üppige Rispen. Bei allen Ahornarten bestehen die Samen aus zwei kleinen kugelförmigen Nüsschen mit langen Flügeln.

Ahornblätter

Lebensraum
Ahorn ist in Europa, Ostasien und Nordamerika weit verbreitet. Bei uns heimische Arten wie Feldahorn, Bergahorn und Spitzahorn wachsen am liebsten in Mischwäldern mit anderen Laubbäumen. Du findest sie aber auch in Gärten und Parks.

Früchte des Ahornbaums

Birke

Die Birke erkennst du leicht an ihrem Stamm.

Männliche Birkenkätzchen

Merkmale
Birken sind schlanke Bäume. Die bei uns heimische Weißbirke erkennst du leicht an ihrer weißen Rinde mit den schwarzen Streifen. Die Blätter sind vier bis sieben Zentimeter groß, fein gesägt und grün bis dunkelgrün gefärbt. Im Herbst verfärben sie sich leuchtend gelb. Die Blüten der Birken werden Kätzchen genannt. Die männlichen Kätzchen sind gelbgrün und herabhängend, die weiblichen sind klein und stehen aufrecht.

Lebensraum
Birken sind ziemlich anspruchslos. Am liebsten wachsen sie in lichten Wäldern, man findet sie aber auch auf Brachflächen sowie in Heiden und Mooren. Wichtig ist, dass sie viel Sonnenlicht bekommen. Birken gibt es in Europa, Nordafrika, Asien und Nordamerika.

Osterzweige

Etwa drei Wochen vor Ostern kannst du einige Birkenzweige in eine große Vase stellen. Im warmen Zimmer blühen die Kätzchen meist zum Osterfest und treiben dann auch die ersten grünen Blätter aus.

bestimmen

Eiche

Merkmale
Die Eiche kannst du leicht an ihren unregelmäßig gebuchteten Blättern erkennen. Typisch sind auch die Früchte – die Eicheln. Sie stecken in einem napfförmigen Fruchtbecher und sind anfangs noch grün. Wenn sie sich braun verfärbt haben, sind sie reif und fallen zu Boden. Die grünlich gelben Blüten der Eiche sind dagegen unscheinbar.

Eichenlaub

Lebensraum
Eichen brauchen viel Licht. Sie wachsen in Laubmischwäldern, an Waldrändern, sehr häufig auch in Parks. Bei uns heimisch sind die Stieleiche und die Traubeneiche, die sich sehr ähnlich sind.

Linde

Linden sind große, stattliche Bäume.

Merkmale
Linden sind große Bäume mit kegelförmiger Krone. Sie haben grüne herzförmige Blätter, die am Rand leicht gesägt sind. Im Juni und Juli erscheinen gelbliche Blüten, die in Büscheln herabhängen und herrlich duften. Sie locken vor allem Bienen an. Aus den Blüten entwickeln sich kleine runde Nüsschen, die an einem schmalen Blatt hängen.

Lebensraum
Linden wachsen in Laubwäldern, werden aber auch gern in Gärten und Parks gepflanzt. Da sie gegen Luftverschmutzung wenig anfällig sind, eignen sie sich auch sehr gut als Straßenbäume.

Gut gegen Erkältung
Aus Lindenblüten kannst du einen Tee zubereiten, der bei Erkältung wirkt: Einen Teelöffel Lindenblüten mit einem Viertelliter kochendem Wasser überbrühen und zehn Minuten ziehen lassen. Dann die Blüten abseihen, eventuell mit Honig süßen und trinken.

Rosskastanie

Die Kastanie erkennst du leicht an ihren gefingerten Blättern.

Merkmale
Die Rosskastanie ist ein hoher Baum und entwickelt eine mächtige Krone. Ihre großen Blätter sind fünf- bis siebenteilig gefingert. Im Mai, nachdem die Blätter ausgetrieben haben, erscheinen meist weiße Blütenrispen, die wie aufrechte Kerzen an den Zweigen stehen. Ab September werden grüne stachelige Kapselfrüchte ausgebildet, die einen rotbraun glänzenden Samen haben. Aber Vorsicht, die Früchte sind giftig!

Nicht verwechseln!
Die großen braunen Samen der Rosskastanie (Kastanien) kannst du im Herbst sammeln und daraus schöne Dinge basteln. Die Samen der Esskastanie (Maronen) sehen ähnlich aus, obwohl die beiden Bäume nicht miteinander verwandt sind. Während Maronen köstlich schmecken, sind die Samen der Rosskastanie ungenießbar.

Lebensraum
Die Rosskastanie ist auf dem Balkan heimisch und wächst dort in Bergwäldern. Bei uns wird sie vor allem in den Städten als Straßen- und Parkbaum gepflanzt. An sonnigen Stellen fühlt sie sich besonders wohl.

Früchte der Kastanie

Silberweide

Merkmale
Die heimische Silberweide ist ein hoher Baum mit breit ausladender, lockerer Krone. Mit ihren langen, schmalen, silbriggrauen Blättern, die im Sonnenlicht schimmern, fällt sie schon von Weitem auf. Auch im Frühjahr, wenn die silbrig behaarten Blütenkätzchen noch vor den Blättern erscheinen, kannst du die Silberweide kaum übersehen.

Lebensraum
Silberweiden wachsen am liebsten dort, wo es feucht ist, zum Beispiel an Fluss- und Seeufern sowie in Auwäldern. Eine gezüchtete Sorte der Silberweide ist die Trauerweide. Ihre Äste und Zweige hängen so stark herab, dass sie in Ufernähe oft bis zur Wasseroberfläche reichen.

Weiden wachsen gern am Wasser.

Nahrung für Bienen
Nach dem Winter sind die Bienen sehr hungrig, finden zu Beginn des Frühjahrs aber noch nicht viele blühende Pflanzen, deren Nektar sie trinken könnten. Die früh blühenden Weidenkätzchen sind daher eine wichtige Nahrungsquelle für sie.

Fichte

Fichtenwald

Merkmale
Fichten haben eine kegelförmige, stockwerkartige Wuchsform. Wie die meisten Nadelbäume sind sie immergrün. Im Frühjahr erscheinen die Blüten. Die männlichen gelben Blütenstände sind deutlich kleiner als die bräunlich roten weiblichen. Die weiblichen Blütenstände verwandeln sich allmählich in die braunen Zapfen, die du bestimmt kennst. In den Zapfen befinden sich die Samen.

Lebensraum
Fichten sind Gebirgsbäume. Sie fühlen sich aber auch im Flachland wohl. Die gewöhnliche Fichte oder Rotfichte ist sehr empfindlich gegen Abgase und daher für Stadtgärten nicht geeignet.

Fichtenzapfen hängen nach unten.

Kiefer

Merkmale
Kiefern sind hohe Bäume mit kegelförmiger Krone. Du kannst sie leicht an ihren langen Nadeln erkennen. Diese sind blaugrün, spitz und stehen je nach Art zu zweit, zu dritt oder zu fünft gebündelt an kurzen Trieben. An einem Baum gibt es gelbe männliche und rötliche weibliche Blütenstände. Aus den weiblichen Blütenständen entstehen die kegelförmigen Zapfen, in denen sich die Samen entwickeln.

Kiefernkrone in der Sonne

Lebensraum
Kiefern sind anspruchslos und wachsen an trockenen Standorten genauso wie in Moorgebieten. Deshalb wurden in einigen Gegenden ausgedehnte Kiefernwälder gepflanzt.

Zapfen
Die männlichen Blüten der Fichte fallen nach der Blüte ab. Die weiblichen Blütenzapfen, die anfangs aufrecht stehen, hängen später nach unten. Sobald die Samen reif sind, fallen sie auch ab.

bestimmen

Lärche

Die Nadeln der Lärche sind hellgrün und weich.

Merkmale
Im Gegensatz zu den meisten anderen Nadelbäumen werfen Lärchen ihre Nadeln jedes Jahr im Winter ab. Doch vorher, im Herbst, färben sich die hellgrünen weichen Nadeln leuchtend gelb. Deshalb erkennst du Lärchen am leichtesten im Herbst und Winter. Im zeitigen Frühjahr, bevor die Nadeln austreiben, erscheinen gelbe, kugelige männliche und rote, walzenförmige weibliche Blütenstände an den Zweigen. Aus den weiblichen Blütenständen entwickeln sich kleine kugelige, braune Zapfen.

Lebensraum
Lärchen findest du im Flachland und im Gebirge bis in Höhen von 2400 Metern. Die Europäische Lärche ist sehr empfindlich gegen Abgase und daher für das Stadtklima nicht sehr geeignet.

Zerfallende Zapfen

Tannen erkennst du daran, dass ihre reifen Zapfen nie im Ganzen abfallen, sondern auf dem Baum zerfallen, das heißt, nur die Schuppen mit den Samen daran fallen ab. Am Baum bleiben dann die dünnen Zapfenspindeln zurück.

Weißtanne

Merkmale
Die Weißtanne verdankt ihren Namen der weißgrauen Farbe ihres Stamms. Die Nadeln sind dunkelgrün, auf der Unterseite weiß gestreift und vorne stumpf. Die Blütenstände sind walzenförmig, wobei die männlichen gelb, die weiblichen blassgrün sind. Aus den weiblichen Blütenständen entwickeln sich aufrecht stehende braune Zapfen.

Weißtannen können bis zu 50 Meter hoch werden.

Lebensraum
Die Weißtanne ist auch in Mitteleuropa heimisch, wo sie allerdings hauptsächlich im Gebirge vorkommt. Wie alle Tannen ist sie ziemlich anspruchsvoll. Obwohl sie sich an das Klima und den Boden sehr gut angepasst hat, ist sie mittlerweile in unseren Wäldern sehr selten geworden. Denn sie leidet besonders stark unter Luftverschmutzung und ihre zarten Triebe werden gern von Rehen und Hirschen angeknabbert.

Flieder

Merkmale
Der Flieder ist ein großer Strauch, der zur Blütezeit im Mai und Juni alle Blicke auf sich zieht. Dann schmücken ihn unzählige Blüten in aufrecht stehenden Rispen. Die lilafarbenen oder weißen Blüten duften stark und bieten vielen Insekten Nahrung. Die Blätter sind herzförmig, vorne zugespitzt und glattrandig.

Flieder kann weiß oder lilafarben blühen.

Lebensraum
Der Flieder ist eine sehr widerstandsfähige Pflanze, die Frost gut übersteht. Deshalb fühlt er sich auch bei uns wohl. Ursprünglich war der Strauch nur in Südosteuropa und in Südwestasien zu Hause. Heute wachsen vor allem Kulturformen in unseren Gärten.

Haselnussstrauch

Beliebt bei Eichhörnchen: der Haselnussstrauch

Merkmale
Der Haselnussstrauch braucht wegen seiner großen, schirmartigen Krone viel Platz. Die behaarten, am Rand gezähnten Blätter sind fast rund, aber vorne spitz. Sie erscheinen nach den Blüten. Im Frühjahr fällt der Strauch durch seine grünlich gelben, lang herabhängenden männlichen Kätzchen auf. Die weiblichen Blüten bleiben in ihren Knospen verborgen. Nach der Bestäubung entwickeln sich daraus die leckeren Haselnüsse.

Lebensraum
Die anspruchslose Haselnuss wächst bei uns an sonnigen Stellen an Waldrändern. Auch im Garten wird sie oft als natürliche Hecke gepflanzt.

Begehrte Leckerei
Schon seit der Steinzeit sind Haselnüsse ein wichtiges und begehrtes Nahrungsmittel. Bei den alten Germanen durften die Sträucher deshalb sogar nicht gefällt werden.

bestimmen

Heckenrose

Die Heckenrose verströmt einen herrlichen Duft, wenn sie blüht.

Merkmale
Die Heckenrose ist eine heimische Wildrose mit hübschen gefiederten Blättern. Sie hat weiße bis rosafarbene Blüten, die im Mai und Juni erscheinen und herrlich duften. Im Herbst entwickeln sich daraus rote Früchte, die sogenannten Hagebutten. Vorsicht, die Heckenrose hat Stacheln!

Älteste Rose
Die älteste Rose der Welt ist eine Heckenrose, der sogenannte Tausendjährige Rosenstock. Sie wächst am Hildesheimer Dom und soll über 1200 Jahre alt sein. Der Rosenstock wurde im Zweiten Weltkrieg 1945 durch Bomben verbrannt. Aber die Reste der Rose entwickelten bald neue Triebe.

Lebensraum
Die Heckenrose ist die bei uns am häufigsten vorkommende Rosenart. Besonders wohl fühlt sie sich an sonnigen Stellen. In der freien Natur wächst sie an Waldrändern und in offenen Hecken. Natürlich wird sie auch in Gärten gepflanzt.

Himbeere

Merkmale
Der Himbeerstrauch kann bis zu zwei Meter hoch werden. Seine langen Triebe, die sogenannten Ruten, haben feine Stacheln und tragen gefiederte Blätter. Im Frühjahr oder im Sommer erscheinen weiße Blüten, aus denen sich später rote Früchte entwickeln. Es gibt auch speziell gezüchtete Sorten mit gelben Früchten.

Zeit für die Ernte!

Lebensraum
Himbeersträucher sind bei uns heimisch. Sie wachsen in frei stehenden Hecken, an Waldrändern, in Steinbrüchen und Kiesgruben. Sie werden außerdem oft in Gärten gepflanzt.

Anbinden
Wenn du im Garten Himbeeren hast, binde die Ruten an waagerecht gespannte Drähte, denn so kannst du die leckeren Früchte später leichter ernten.

Holunder

Strauch mit Holunderbeeren

Merkmale
Der Holunder ist eine schnell wachsende Pflanze. Sie verzweigt sich dicht über dem Boden und wird bis zu sieben Meter hoch. Den Holunderstrauch schmücken zu Beginn des Frühsommers unzählige weiße intensiv duftende Blütenschirme. Aus den Blüten entstehen im Sommer schwarze beerenartige Früchte.

Lebensraum
Der Holunder wächst gern in offenen Hecken und am Waldrand. Vor allem findest du ihn aber in der Nähe von Siedlungen in Gärten und Parkanlagen. Der Strauch kommt mit jedem Boden zurecht, nur zu trocken darf er nicht sein.

Köstlich!

Holunder ist eine sehr wertvolle Pflanze. Sie hat heilende Wirkung, zum Beispiel bei Erkältungen. Du kannst aber auch Leckereien daraus zubereiten: Die Blüten kann man in Teig ausbacken, aus den Früchten Saft oder Marmelade herstellen.

Heidelbeere

Merkmale
Einen Heidelbeerstrauch erkennst du am leichtesten im Sommer und Frühherbst, wenn seine Früchte reif sind. Dann trägt die Pflanze viele kleine, sehr saftige Beeren, die graublau bereift sind. Der Strauch selbst ist ziemlich unscheinbar und wird nicht höher als 60 Zentimeter. Er trägt kleine ovale Blätter mit gesägtem Rand. Heidelbeersträucher verzweigen sich stark und bilden mit der Zeit eine dichte Bodendeckung.

Hmm, lecker!

Lebensraum
Heidelbeeren findest du in Laub- und Nadelwäldern und vor allem in Heidelandschaften und Mooren. Denn am besten gedeihen die Sträucher auf nährstoffarmen, sauren Böden. Bei uns werden sie auch als Kulturpflanzen angebaut, weil die schmackhaften Beeren, auch Blaubeeren genannt, sehr beliebt sind – als rohes Obst, für Marmelade, Säfte oder zum Backen, zum Beispiel für Blaubeer-Muffins.

Du benötigst:
20 Weidenruten oder -stangen (etwa 3 m lang, 2 bis 5 cm dick)
1 Gartenschere
1 Spaten
1 Stöckchen
1 Schnur (etwa 1,5 m)
Sand oder Sägespäne
Bast oder Schnur (etwa 1 m)

Eine Hütte aus Weidenruten

Es macht Spaß, eine eigene Hütte im Garten zu haben. Man kann darin mit anderen Kindern spielen oder auch die Tiere in der Natur beobachten. Eine Hütte in Form eines Indianertipis kannst du mit deinen Freunden aus Weidenzweigen selbst bauen. Wenn ein Erwachsener euch hilft, ist das gar nicht so schwer. Die beste Zeit für den Bau einer Weidenhütte ist das zeitige Frühjahr. Dann können die Weidenruten frisch abgeschnitten werden, denn jetzt tragen die Pflanzen noch keine Blätter.

1. Der richtige Standort

Für dein Weidentipi brauchst du einen Platz mit einer Grundfläche von etwa zwei mal zwei Metern. So wird das Tipi groß genug für mindestens zwei Personen. Der Standort sollte ziemlich feucht, aber sonnig sein. Denn nur dann wachsen die frischen Weidenruten, die du in die Erde steckst, auch gut an.

Jetzt kannst du die Weidenruten abschneiden!

Indianertipi

2. Der Grundriss

Tipis sind rund. Um den kreisförmigen Grundriss zu markieren, gehst du folgendermaßen vor: Binde an einen kurzen Stab eine Schnur von etwas mehr als einem Meter Länge. Stecke den Stab in die Mitte der Grundfläche. Spanne die Schnur und gehe einmal im Kreis um den Stab herum. Streue dabei Sand oder Sägespäne aus. So weißt du, wo der äußere Rand deines Tipis ist. Bevor du mit dem Bau beginnst, überlege dir, wo der Eingang sein soll und markiere ihn mit Steinen.

3. Das Gerüst
Stecke zunächst die 20 Weidenstangen in einem Abstand von 30 Zentimetern etwa 20 Zentimeter tief in den Boden. Nur den Eingang lässt du frei. Oft ist der Boden verdichtet oder steinig. In diesem Fall musst du entlang der Kreislinie einen 30 Zentimeter tiefen Graben ausheben und ihn anschließend mit guter Gartenerde füllen. Sobald alle Ruten in der Erde sind, werden sie etwa 20 Zentimeter unterhalb der Spitze mit Bast oder einer Schnur zusammengebunden.

Wenn du vorher einen kleinen Graben aushebst, wird das Setzen der Ruten leichter.

4. Stabilisieren
Du kannst dein Tipi so lassen oder es etwas stabiler machen. Dazu kannst du dünne weiche Weidenzweige verwenden, die du in regelmäßigen Abständen rund um das Tipi quer einflichtst. Natürlich muss der Eingang frei bleiben.

Nicht vergessen – regelmäßig gießen!

5. „Lebende“ Hütte
Wenn dein Tipi fertig ist, gießt du die in den Boden gesteckten Weidenruten regelmäßig. Du wirst bald erleben, dass die ersten Blätter austreiben. Es dauert ungefähr zwei Jahre, bis deine Freiluftbehausung vollständig bewachsen ist. Du kannst natürlich vorher schon darin spielen.

6. Jetzt wird es wohnlich
Wenn die Hütte fertig ist, kannst du den Boden feststampfen. Ist er sehr matschig, schüttest du etwas Kies oder Sand darauf. Damit es richtig gemütlich wird, kannst du den Boden mit Moos oder Gras auslegen.

Eichelkekse backen

Aus Eicheln lassen sich ganz wunderbare Speisen zubereiten, die köstlich schmecken. Wie wäre es zum Beispiel mit Keksen aus Eichelmehl? Bitte einen Erwachsenen, dir beim Backen zu helfen.

Du benötigst:
3–5 gekochte Kartoffeln
1,5 Tassen Eichelmehl
2–3 Esslöffel Zucker
1 Teelöffel Kakao
1 Esslöffel Mehl
½ Päckchen Backpulver
Milch
Schokoladenkuvertüre zum Überziehen

1. Eichelmehl
Zunächst musst du Eichelmehl herstellen. Dafür sammelst du im Oktober große und gesunde Eicheln. Bis du sie verwendest, kannst du sie in einem kühlen trockenen Raum lagern. Erwärme die gewaschenen Eicheln in einer Pfanne, bis die äußere Schale aufplatzt. Achte aber darauf, dass die Eicheln nicht zu braun werden. Dann lässt du die Eicheln kurz abkühlen und entfernst die Schalen. Anschließend wässerst du sie ein bis zwei Stunden. Lasse sie danach gut trocknen und mahle sie in einer Kaffeemühle so fein wie möglich.

2. Kekse backen
Verrühre Kartoffeln (vorher zerdrücken), Eichelmehl, Zucker, Kakao, Mehl und Backpulver in einer Schüssel. Füge nach und nach so viel Milch hinzu, bis ein Teig entsteht, der sich gut ausrollen lässt. Bemehle eine Fläche, rolle den Teig nicht zu dick aus und steche Plätzchen aus. Lege sie auf ein mit Backpapier ausgelegtes Blech und backe sie bei 175 Grad 20 bis 30 Minuten.

Herbstfunde

Gleich geht's ab in den Ofen!

3. Schokoladenüberzug
Nach dem Auskühlen kannst du die Kekse mit flüssiger Schokolade überziehen. Du hackst die Kuvertüre klein und gibst sie in eine hitzebeständige Schüssel. Dann lässt du in einem Topf Wasser heiß werden (darf nicht kochen!) und stellst die Schüssel mit der Kuvertüre hinein. Die Schokolade wird bald flüssig. Zwischendurch rührst du die Schokolade immer wieder um. Ist die Schokolade geschmolzen, kannst du sie mit einem Backpinsel auf die Kekse streichen.

Zapfen als Luftfeuchtigkeitsmesser

Wenn du im Wald hin und wieder Zapfen sammelst, ist dir bestimmt schon etwas aufgefallen: Manchmal sind die Zapfen geschlossen, manchmal weit geöffnet. Warum das so ist, erklärt dieses Experiment.

Du benötigst:
1 Kiefern- oder Fichtenzapfen
Knetmasse
1 kleines Brett
1 Notizzettel
1 Stift

1. Und so geht's
Suche im Wald oder Park einen Kiefern- oder Fichtenzapfen. Befestige ihn mit etwas Knetmasse auf einem Brett und stelle das Ganze im Freien auf. Achte darauf, dass der Zapfen im Schatten steht und vor Regen geschützt ist. Notiere dir, wie das Wetter gerade ist und ob der Zapfen geöffnet oder geschlossen ist. Kontrolliere, nachdem sich das Wetter geändert hat, wie dein Zapfen jetzt aussieht. Achte dabei auf die Stellung der Zapfenschuppen.

2. Beobachtung
Was hast du beobachtet? Wenn es schön warm und trocken ist, öffnen sich die Schuppen weit. Steigt die Luftfeuchtigkeit und es steht Regen bevor, schließen sich die Schuppen. Daher sind Zapfen natürliche Luftfeuchtigkeitsmesser.

3. Erklärung
Doch warum ist das so? Die Antwort ist leicht: Der Zapfen möchte seine Samen schützen. Bei Regen besteht die Gefahr, dass die Samen durch Nässe faulen. Außerdem können sie bei Regen nicht weit genug fliegen. Deshalb schließen sich die Zapfen bei hoher Luftfeuchtigkeit. Wenn es trocken ist, spreizen sich die Schuppen weit ab. Jetzt können die Samen, die mit dem Wind verbreitet werden, weit genug fliegen und keimen später im Boden aus.

Aufhängen
Du kannst den Zapfen auch mit der Spitze nach unten an einem Bindfaden auf dem Balkon, der Terrasse oder vor deinem Fenster aufhängen. Wichtig ist dabei, dass der Zapfen vor Regen geschützt ist.

Raupe aus Kastanien

Mit Kastanien, die du im Herbst sammelst, kannst du viele tolle Sachen basteln: Wie wäre es mit einer Raupe aus Kastanien?

Du benötigst:
- mehrere Kastanien
- 1 Wattekugel (etwa kastaniengroß)
- kastanienbraune Plakatfarbe
- kleine getrocknete Blätter
- 1 Schnur
- 1 Vorstecher (aus dem Werkzeugkasten)
- 1 Kastanienbohrer und 1 Kastanienbohrer-Halter
- 1 Pinsel
- 1 schwarzen Filzstift
- braunen Biegeplüsch
- 1 Schere

1. Raupenkörper

Bohre die Kastanien zuerst mit einem Vorstecher an. Durchbohre sie dann mit einem Kastanienbohrer. In die trockenen Blätter machst du ebenfalls kleine Löcher. Lasse dir bei diesen Schritten unbedingt von einem Erwachsenen helfen! Reihe Kastanien und Blätter abwechselnd auf einer stabilen Schnur auf. Verknote die Schnur am Schwanzende.

Das richtige Werkzeug

Damit du dich beim Bohren von Kastanien nicht verletzt, solltest du dir einen Kastanienbohrer und den passenden Halter dazu kaufen. Du spannst die Kastanie ein und kannst sie von allen Seiten anbohren, ohne dass sie verrutscht. Den Kastanienbohrer-Halter kannst du auch als Nussknacker verwenden.

Basteln mit Kastanien macht Spaß!

2. Raupenkopf

Durchbohre die Wattekugel mit dem Vorstecher. Male sie dann braun an. Wenn die Farbe trocken ist, ziehe das freie Schnurende durch das Loch und verknote es. Jetzt hat die Raupe einen Kopf.

3. Dekoration

Nun kannst du die Raupe verzieren: Schneide zwei kleine Stücke Biegeplüsch ab und stecke sie als Fühler in die Wattekugel. Male zum Schluss mit schwarzem Filzstift ein lustiges Gesicht. Und fertig ist deine Kastanienraupe!

Was du über Blumen, Gräser und Kräuter wissen solltest

Blumen, Gräser und Kräuter sind krautige Pflanzen. Im Gegensatz zu Bäumen und Sträuchern, den Gehölzen, verholzen ihre Stängel nicht. Bäume und Sträucher sind immer mehrjährig, das heißt, sie werden älter als zwei Jahre. Anders ist es bei Blumen, Gräsern und Kräutern: Sie sind häufig ein- oder zweijährig, können aber auch mehrjährig sein.

Bunte Wiesenblumen

Die Dahlie ist eine typische Sommerblume.

Ein- und zweijährige Pflanzen

Einjährige Pflanzen brauchen ein Jahr, bis die Samen keimen, die Pflanze blüht und neue Samen bildet. Danach sterben sie ab. Im nächsten Jahr wachsen aus den Samen dann neue Pflanzen heran. Zweijährige Pflanzen brauchen für diese Entwicklung zwei Jahre: Im ersten Jahr entwickelt sich die Pflanze, im zweiten Jahr erscheinen die Blüten, dann werden die Samen gebildet. Danach stirbt die Pflanze ab. Zu diesen kurzlebigen Pflanzen gehören zum Beispiel viele Sommerblumen.

Stockrosen sind mehrjährige Pflanzen.

Mehrjährige Pflanzen

Wie der Name schon sagt, leben mehrjährige Pflanzen viel länger. Viele von ihnen überstehen sogar unsere kalten Winter, weil ihre Wurzeln, Knollen oder Zwiebeln überleben. Im Frühjahr treiben dann neue Pflanzen aus.

Bei der Tulpe lassen sich der Stempel in der Mitte und die Staubblätter mit Staubbeutel darum sehr gut erkennen.

Die Blüte
Alle Samenpflanzen bilden Blüten. Viele Blumen, die in der Natur und in unseren Gärten wachsen, haben schöne, bunte, große Blüten, die auffallen. Aber es gibt auch Pflanzen, zum Beispiel viele Gräser, Kräuter und Bäume, die winzige unscheinbare Blüten besitzen, die du nicht auf den ersten Blick erkennen kannst. Alle Blüten haben eine Aufgabe: Sie dienen zur Fortpflanzung. Die männlichen Geschlechtsorgane einer Blüte sind die Staubblätter mit den Staubbeuteln. Das weibliche Geschlechtsorgan ist der Fruchtknoten mit dem Stempel und der Narbe an dessen Spitze.

Selbstbestäubung
Es gibt auch Pflanzen (zum Beispiel Erbsen), die für die Bestäubung keine Insekten brauchen. Ihre Blüten bestäuben sich selbst mit eigenem Pollen. Das passiert in der Regel, wenn sich die Blüten schließen. Dabei berühren sich Staubblätter und Narbe.

Bestäubung
Bevor eine Pflanze befruchtet werden und Samen ausbilden kann, muss sie zuerst bestäubt werden. Das funktioniert so: Insekten wie Bienen oder Schmetterlinge werden durch auffällige Blüten oder starken Duft angelockt. Die Staubeutel an den Spitzen der Staubblätter bilden den Blütenstaub, der aus vielen winzigen Pollenkörnern besteht. Besucht ein Insekt die Blüte, nimmt es die Pollenkörnchen an seinem Körper mit. Wenn es damit auf die nächste Blüte der gleichen Pflanze fliegt, gelangen dabei einige Pollenkörnchen auf die Narbe und dringen in den Fruchtknoten vor. Dort vereinigen sich das männliche Pollenkorn und die weibliche Eizelle – die Befruchtung findet statt.

Hummel mit vollen Pollenhöschen

Mit und ohne Insekten
Das bestäubende Insekt bekommt dafür eine Belohnung: süßen Blütennektar! Statt der Insekten können bei vielen Pflanzen auch Wind oder Wasser für die Bestäubung sorgen.

Blütenstände
Oft sitzen die Blüten nicht einzeln auf einem Stängel, sondern mehrere Blüten sind zu einer Gruppe angeordnet. Das nennt man einen Blütenstand. Verschiedene Pflanzen haben unterschiedliche Blütenstände. Je nach Anordnung der einzelnen Blüten teilt man sie unter anderem ein in: Traube, Ähre, Dolde, Rispe, Körbchen, Köpfchen, Kätzchen, Kolben und Zapfen. Es gibt auch Blütenstände, die aus zusammengesetzten Anordnungen bestehen.

Verschiedene Blütenstände

Samen
Pflanzen, die nach der Befruchtung der Blüten Samen bilden, werden Samenpflanzen genannt. Samen entstehen, wenn sich das männliche Pollenkorn und die weibliche Eizelle bei der Befruchtung vereinigen. Bei Nacktsamern (zum Beispiel Nadelbäumen) liegt der Samen frei (Tannenzapfen), bei Bedecktsamern entwickelt er sich im Fruchtknoten. Aufgabe der Samen ist es, die Pflanze zu vermehren und zu verbreiten. Die Samen werden durch Wind, Wasser, Vögel oder andere Tiere weitergetragen. Einige Pflanzen können ihre Samen sogar selbst ausschleudern.

Die Pusteblume lässt ihre Samen durch den Wind verbreiten.

Die Samen der Mohnblume befinden sich in einer Samenkapsel.

Distel

Eine blühende Distel

Merkmale
Als Disteln bezeichnet man zahlreiche stachelige Pflanzen, die meist Blüten in leuchtenden Farben besitzen. Sie sind bei Insekten, zum Beispiel beim Distelfalter, sehr beliebt. Besonders verbreitet sind die mehrjährige Ackerkratzdistel und die zweijährige Gemeine Kratzdistel mit ihren lilafarbenen Blüten. Sowohl die Stängel als auch die Blätter der Disteln haben Stacheln.

Stachelige Distel

Lebensraum
Die verschiedenen Distelarten stellen an ihren Standort unterschiedliche Ansprüche: Die Ackerkratzdistel mag nährstoffarmen lehmigen Boden, die Gemeine Kratzdistel liebt offenes sonniges Gelände mit nährstoffreichem Boden. Kohlkratz- und Sumpfkratzdistel mögen nasse Wiesen, während sich die Silberdistel auf steinigen Hängen und Weiden wohlfühlt. Disteln blühen von Juni bis September.

Gänseblümchen

Merkmale
Das mehrjährige Gänseblümchen bildet eine dichte Rosette aus niedrigen Blättern, aus der einzelne Blütenstängel emporwachsen. Was wie eine einzelne Blüte mit vielen schmalen Blütenblättern um eine gelbe Mitte aussieht, ist in Wirklichkeit ein Blütenstand (Körbchen) mit unzähligen winzigen gelben Röhrenblüten und langen weißen Zungenblüten.

Wenn du genau hinschaust, kannst du die winzigen gelben Blüten in der Mitte erkennen.

Lebensraum
Gänseblümchen wachsen auf allen Wiesen, die regelmäßig gemäht werden, aber auch am Wegrand. Die äußerst genügsamen und unverwüstlichen Pflanzen fühlen sich auf allen Böden wohl. Ihre Hauptblütezeit ist April bis Mai.

Viele Namen
Das Gänseblümchen trägt seinen Namen, da es gern von Gänsen und Enten gefressen wird. Es hat aber auch viele andere Namen: Tausendschön, Maßliebchen oder Katzenblümchen.

Glockenblume

Glockenförmige Blüten

Merkmale
Glockenblumen sind zwei- oder mehrjährige Pflanzen, von denen es viele verschiedene Arten gibt. Allen gemeinsam ist die fünfzählige Blüte – eine Blüte mit fünf Blütenblättern –, bei der die einzelnen Blütenblätter röhren- oder glockenförmig zusammengewachsen sind. Daher stammt auch der Name „Glockenblume". Die charakteristische Blütenfarbe ist blau oder blauviolett, bei einigen Arten auch weiß.

Weiße Glockenblume

Lebensraum
Die verschiedenen Glockenblumenarten stellen unterschiedliche Ansprüche an ihren Standort. Die Wiesenglockenblume mag feuchte Fettwiesen, die Rundblättrige Glockenblume fühlt sich auf trockenen mageren Böden wohl, die Nesselblättrige Glockenblume liebt feuchte Wälder, die Ackerglockenblume wächst auf Äckern und am Wegrand. Glockenblumen blühen von Mai bis September.

Kornblume

Kornblume am Feldrand

Merkmale
Die einjährige Kornblume ist eigentlich ein Ackerunkraut. Du erkennst sie an ihren azurblauen, gefiederten, etwa zwei bis drei Zentimeter großen Blüten. Sie trägt kleine schmale Blätter, die wie der dünne Stängel und die Knospen mit feinen grauen Härchen besetzt sind.

Lebensraum
Die Kornblume bevorzugt trockene Böden. Wie der Name schon sagt, wächst sie am liebsten am Rand von Kornfeldern, aber auch auf Schuttplätzen. Die Blütezeit ist Juni bis September.

Insektenbesuch

Die Blüten der Kornblume enthalten sehr viel Nektar. Deshalb werden sie besonders häufig von Bienen und anderen Insekten besucht. Durch Unkrautbekämpfung in der Landwirtschaft ist die Kornblume inzwischen leider selten geworden.

Löwenzahn

Merkmale
Eine der häufigsten und bekanntesten heimischen Pflanzen ist der Löwenzahn mit seinen leuchtend gelben Blütenständen. Seinen Namen verdankt er den scharf gezähnten Blättern, die bis zu 40 Zentimeter lang werden können. Nach der Blüte entwickeln sich die beliebten Pusteblumen. Dabei handelt es sich um die zahlreichen Samen mit ihren langen Anhängen, die wie kleine Fallschirme aussehen.

Blütentrio

Lebensraum
Den Löwenzahn findest du auf Wiesen und an Wegrändern genauso wie auf Schutthalden oder in Mauerritzen. Die völlig anspruchslose und widerstandsfähige Pflanze gedeiht auch schnell wieder auf gemähten Wiesen. Hauptsache, ein sonniger Platz und nährstoffreicher Boden. Die Blüten erscheinen von April bis Juli.

Die Pusteblume

Mohn

Die zarten Blütenblätter der Mohnblume sind fast durchsichtig.

Merkmale
Die Mohnblume – auch Klatschmohn genannt – kannst du aufgrund ihrer leuchtend roten Farbe schon von Weitem erkennen. Die vier roten Blütenblätter haben am Grund einen schwarzen Fleck. Sie sind sehr dünn und sehen wie verknittertes Papier aus. Der dünne Stängel und die Knospen sind mit borstigen Haaren besetzt. Die Blätter sind gefiedert.

Lebensraum
Der einjährige Mohn stellt keine großen Ansprüche, mag aber am liebsten nährstoffreiche Böden in sonniger Lage. Oft findest du ihn am Rand von Getreidefeldern, an Wegrändern und auf Schuttplätzen. Die Blütezeit ist Ende Mai bis Juli.

Samenkapsel
Der Mohn bildet harte Samenkapseln, in denen bis zu 2000 winzige schwarze Samenkörnchen heranreifen. Wenn du eine reife Kapsel pflückst und sie hin und her bewegst, kannst du das Rasseln der Samen hören.

Glatthafer

Glatthafer blüht in Rispen.

Merkmale
Der Glatthafer ist ein hohes heimisches Wiesengras und wird bis zu 1,5 Meter hoch. Die glatten aufrechten Halme sind rund. Sie tragen drei bis fünf Knoten und sehr kurze, schmale, oben leicht behaarte Blätter. Die Blüten erscheinen in Rispen, das heißt, sie sitzen an langen, verzweigten dünnen Trieben. Jede Blüte trägt eine lange abgeknickte Borste (Granne). Der Glatthafer gehört zu den Süßgräsern.

Lebensraum
Der mehrjährige Glatthafer braucht einen sandig-lehmigen Boden, der nicht zu feucht ist. Daher kommt er mit Trockenheit gut zurecht und ist als Futtergras eine landwirtschaftlich wichtige Pflanze. Du findest Glatthafer vor allem auf Wiesen und an Wegrändern. Die Blütenrispen erscheinen von Juni bis Juli.

Knoten
Bei Pflanzen versteht man unter Knoten die oft verdickten Stellen an den Stängeln, an denen die Blätter gebildet werden.

Sumpfsegge

Merkmale
Die Sumpfsegge gehört, wie alle Seggen, zu den Sauergräsern. Sie hat einen dreikantigen Stängel ohne Blattknoten und lange schmale Blätter. Die Blätter sind hart und scharfkantig, sodass man sich daran schneiden kann. An der Spitze stehen die Ähren mit den männlichen Blüten, darunter die mit den weiblichen.

Der Blütenstand der Sumpfsegge kann über 30 Zentimeter lang werden.

Lebensraum
Die mehrjährige Sumpfsegge mag es gern feucht. Daher wächst sie hauptsächlich auf Sumpfwiesen und an Gewässerufern. Sie blüht von Mai bis Juni.

Süß- und Sauergräser
Gräser werden in Süß- und Sauergräser eingeteilt. Der Hauptunterschied zwischen beiden Gruppen ist die Form des Stängels. Bei den Süßgräsern ist er rund, bei den Sauergräsern fast immer dreikantig.

Bärlauch

Blühender Bärlauch im Wald

Merkmale
Dass der Bärlauch ein Verwandter des Knoblauchs ist, merkst du an dem starken Knoblauchgeruch, der beim Zerreiben der Blätter entsteht. Die Pflanze bildet zunächst mehrere Stängel, die direkt aus dem Boden austreiben und jeweils zwei große, längliche ovale Blätter tragen. Die später erscheinenden Blütenstängel bilden am Ende einen doldenartigen Blütenstand mit mehreren weißen sternförmigen Blüten.

Lebensraum
Der mehrjährige Bärlauch liebt nährstoffreichen Boden und wächst hauptsächlich in schattigen Laubwäldern, aber auch im Garten. Da er immer in Massen auftritt und sich sehr stark ausbreitet, kann der Bärlauch im Garten bald alles überwuchern. Die Blütezeit ist ab Ende April bis Juni.

Brennnessel

Merkmale
Die Brennnessel erkennst du spätestens, wenn du sie angefasst hast. Denn die gesamte Pflanze ist dicht mit Haaren besetzt, die bei Berührung brennende Schmerzen verursachen – daher der Name! Die länglichen herzförmigen Blätter sind am Rand gesägt. Sie sitzen sich immer gegenüber entlang des Stängels in mehreren „Stockwerken". Die unscheinbaren Blüten, die du von Juni bis Oktober entdecken kannst, bilden Rispen.

Vorsicht, nicht anfassen!

Lebensraum
Es gibt verschiedene heimische Brennnesselarten, die alle mehrjährig sind. Sie bevorzugen nährstoffreiche Böden an schattigen Plätzen und wachsen vor allem auf Schuttplätzen, am Wegrand und in Gebüschen.

Brennhaare
Unter dem Mikroskop sehen die Brennhaare wie kleine hohle Nadeln aus, die ein winziges rundes Köpfchen an ihrem Ende haben. Im unteren verdickten Bereich befindet sich ein Brennsaft. Da die Wände der Brennhaare im oberen Bereich sehr dünn und spröde wie Glas sind, brechen die Köpfchen bei Berührung ab, die Spitzen dringen in die Haut ein – und es brennt und juckt!

Lege dir ein Herbarium an

Ein Herbarium ist eine Sammlung getrockneter Pflanzen. Mithilfe solcher Sammlungen können Botaniker (Pflanzenkundler) Pflanzen vergleichen und bestimmen. Werde auch du zum Pflanzenforscher und lege dir ein eigenes Pflanzenbuch an! Alle Kräuter, Blumen und Blätter, die du gesammelt, getrocknet und gepresst hast, kannst du in ein Album kleben.

Du benötigst:
saugfähiges Papier (Löschpapier)
2 Stück feste Pappe
einige dicke Bücher
1 Ringordner mit Blättern (am besten DIN A4)
1 Block mit Pergamentpapier
Klebeband
Schere
Stift

1. Richtig sammeln
Pflanzen sammeln kannst du im Wald, auf einer Wiese und auch im Garten. Schneide eine Pflanze, die dir gefällt, vorsichtig mit der Schere ab und schreibe in dein Notizbuch, wo und wann du sie gefunden hast. Du darfst keine Pflanzen pflücken, die unter Naturschutz stehen. Auch giftige Pflanzen lässt du stehen. Deshalb nimmst du am besten ein Bestimmungsbuch mit. So weißt du, welche Blume du pflücken darfst und welche nicht. Auch sollte ein Erwachsener immer dabei sein!

2. Trocknen und pressen
Zu Hause müssen die Pflanzen gepresst werden. Du legst eine Pflanze zwischen zwei Lagen Löschpapier und das „Päckchen" zwischen zwei Stück Pappe. Darauf kommen die schweren Bücher. Das Löschpapier saugt die Feuchtigkeit der Pflanzen auf, die beim Pressen austritt. Es dauert etwa zehn Tage, bis die Pflanzen getrocknet sind.

3. Pflanzen kleben
Auf ein Blatt klebst du jeweils nur eine Pflanzenart – am besten mit einem schmalen durchsichtigen Klebeband. Alle Beschriftungen machst du vor dem Kleben, damit die Pflanzen nicht beschädigt werden. Danach kannst du die fertigen Blätter in dem Ordner abheften. Zum Schutz solltest du zwischen die fertigen Seiten jeweils ein Blatt Pergamentpapier legen.

Ein duftender Kräutergarten in Töpfen

Gewürzkräuter wie Basilikum, Minze, Rosmarin oder Thymian schmecken nicht nur gut, sondern duften auch ganz toll. Du kannst Kräuter kaufen, aber auch deinen eigenen Kräutergarten anlegen – in Blumentöpfen! Es dauert einige Zeit, bis du die Kräuter ernten kannst. Doch es macht Spaß, zu beobachten, wie sich aus Samen Pflanzen entwickeln.

Du benötigst:
einige Blumentöpfe (mindestens 10 cm Durchmesser) aus Ton oder Kunststoff
gute Blumenerde
1 kleine Blumenschaufel
Kräutersamen
1 kleine Gießkanne
Namensschilder für die Kräuter

1. Und so geht's
Fülle Erde in die Töpfe, verteile die Samen darauf und bedecke sie mit einer dünnen Schicht Erde. Vor dem Aussäen solltest du auch die Hinweise auf der Samentüte lesen, weil die Samen verschiedener Kräuter oft unterschiedlich zu behandeln sind. Wenn du verschiedene Kräuter hast, solltest du die Töpfe mit entsprechenden Namensschildern beschriften. So weißt du, in welchem Topf welche Pflanze wächst.

2. Das Gießen
Anschließend werden die Töpfe vorsichtig angegossen. Je nach Art erscheinen nach einigen Tagen oder Wochen die ersten Blätter. Gieße die Pflänzchen regelmäßig, aber nicht zu viel. Dann musst du warten, bis die Pflänzchen wachsen.

Bunte Töpfe
Du kannst deine Kräutertöpfe fantasievoll anmalen, damit dein Kräutergarten schön bunt wird. Du brauchst verschiedene Acrylfarben und Pinsel. Bemale den Topf zuerst in einer Farbe. Wenn die Grundfarbe trocken ist, kommt das Muster darauf. Wenn der Topf völlig trocken ist, kannst du ihn bepflanzen. Wenn du den fertigen Topf mit Klarlack anstreichst, glänzen die Farben und sind wasserfest.

Koche eine Bärlauchsuppe

Bärlauch duftet nicht nur aromatisch, sondern hat auch einen würzigen Geschmack und ist reich an Vitamin C. Die frischen Blätter eignen sich gut zum Würzen von Salaten und Quark. Du kannst aber auch eine Suppe daraus kochen. Lasse dir dabei von einem Erwachsenen helfen!

1. So geht's

Schneide die Bärlauchblätter in Streifen. Zerlasse die Butter und dünste den Bärlauch darin kurz an. Streue nun das Mehl ein, verrühre es sofort, bis keine weißen Stellen mehr zu sehen sind. Gieße das Ganze mit Brühe auf und rühre es sofort glatt.

2. Und fertig!

Lasse die Suppe 15 Minuten köcheln, püriere sie mit dem Stabmixer und schmecke sie mit Salz und Pfeffer ab. Verfeinere die Suppe mit etwas Sahne. Guten Appetit!

Du benötigst:

350 g Bärlauch
80 g Butter
60 g Mehl
4 Tassen Brühe
Salz
Pfeffer
etwas Sahne

So eine leckere Bärlauchsuppe kannst du auch kochen!

Mache Pesto aus Bärlauch

Aus dem Bärlauch kannst du auch ein leckeres Pesto zubereiten. Diese Soße ist ähnlich wie das bekannte italienische Basilikumpesto, wird aber mit Bärlauch zubereitet. Lasse dir auch dabei von einem Erwachsenen helfen!

Du benötigst:
100 g Bärlauch
50 g Pinienkerne
30 g frisch geriebenen Parmesan
100 ml Olivenöl
Salz

Bärlauchpesto schmeckt köstlich zu Spaghetti.

Jetzt kannst du den Bärlauch pflücken!

1. Die Zubereitung
Schneide Bärlauch in grobe Streifen. Röste die Pinienkerne in wenig Olivenöl hellbraun. Gib den Bärlauch, die Pinienkerne, Parmesankäse und Olivenöl in einen Mixer und püriere alle Zutaten cremig.

2. Abschmecken und fertig!
Schmecke das Pesto mit Salz und Pfeffer ab, fülle es in ein Einmach- oder Schraubglas. Mit Olivenöl bedeckt und gut verschlossen, kannst du es bis zu drei Wochen im Kühlschrank aufbewahren.

Vor der Blüte
Den Bärlauch pflückt man, solange er noch jung ist und noch nicht blüht. Wenn die weißen Blütendolden erscheinen, bekommen die Blätter einen bitteren Geschmack und sind fast ungenießbar.

Was du über Pilze wissen solltest

Pilze sind weder Tiere noch Pflanzen. Sie bilden in der Welt der Lebewesen eine eigene Gruppe. Zu den Pilzen gehören sowohl der bekannte giftige Fliegenpilz als auch Pilze, die du essen kannst, wie zum Beispiel Steinpilze oder Champignons. Auch die Hefe, die zum Backen verwendet wird, und der blaugraue Schimmel auf altem Brot sind Pilze.

Schimmelpilz

Ein Trio Fliegenpilze

Aufbau eines Pilzes

Die meisten Pilze, die wir kennen, haben einen Stiel und einen Hut. Dabei handelt es sich aber nur um den oberirdischen Teil des Pilzes, den man Fruchtkörper nennt. Also ist der sichtbare Pilzteil so etwas Ähnliches wie ein Apfel oder eine Birne. Der Fruchtkörper enthält die Fortpflanzungszellen, die Sporen. Sie werden in der Umgebung verteilt und entwickeln sich zu neuen Pilzen. Ein Pilz bildet Unmengen von Sporen. Eine einzige Spore ist so klein, dass du sie mit bloßem Auge nicht sehen kannst. Erst unter dem Mikroskop wird sie sichtbar.

Pilze auf dem Markt

Pilz von unten – erkennst du die Lamellen?

Auch so kann ein Pilz aussehen.

Warum haben Pilze Hüte?

Die meisten Pilze tragen einen Hut, der eine besondere Aufgabe hat: Unter dem Hut werden die vielen Sporen gebildet und aufbewahrt. Es gibt auch Pilze, die keinen Hut tragen. Die Sporen, die die Pilze auf der Erde verbreiten, dienen der Fortpflanzung der Pilze.

Nicht alle Pilze haben einen Hut.

Pilze

Aus dem unterirdischen Fadengeflecht entwickelt sich der Fruchtkörper.

Fortpflanzung der Pilze
Neue Pilze werden sehr häufig im feuchten Herbst gebildet, weil die Bedingungen für das Wachstum der Sporen dann besonders günstig sind. Meist fallen die Sporen auf die Erde und entwickeln sich um den alten Pilz herum zu neuen Pilzen. Sporen können auch vom Wind oder von Tieren weitergetragen werden und wachsen dann an anderen Stellen.

Bildung eines Pilzes
Landet eine Pilzspore auf dem geeigneten Boden, entwickelt sie dünne, meist weiße Fäden. Diese Fäden durchwachsen den Boden kreuz und quer und bilden bald ein richtiges Netz oder Geflecht. Das ist der eigentliche Pilz. Aus diesem Geflecht entwickelt sich allmählich der Fruchtkörper, der aus dem Boden herauswächst. Das ist das, was du siehst. Zu Beginn sieht er häufig aus wie eine kleine weiße Kugel. Dann zerreißt die Haut, die sie umgibt, und der Fruchtkörper aus Stiel und Hut wird sichtbar.

Pilze wachsen gern auf feuchtem Waldboden.

Der richtige Boden
Pilze sind wählerisch und wachsen nicht überall. Doch mögen die meisten von ihnen Waldboden. Deshalb kommen Pilze am häufigsten in Wäldern vor. Allen Pilzen gemeinsam ist die Vorliebe für Feuchtigkeit. Bei mildem und feuchtem Wetter wachsen sie am besten. Deshalb findest du die meisten Pilze im Spätsommer und im Herbst.

Rekordhalter
Wusstest du, dass das größte Lebewesen der Welt ein Pilz ist? Der Riesenpilz wächst in den USA und hat sich vor mindestens 1500 Jahren aus einer einzigen Spore entwickelt. Sein unterirdisches Fadengeflecht bedeckt eine Fläche von etwa neun Quadratkilometern und wiegt über 600 Tonnen – das ist ungefähr so viel wie 120 Elefanten!

Manche Pilze können nur an oder in der Nähe von bestimmten Bäumen wachsen.

Schimmelkäse ist ein leckerer Brotaufstrich.

Andere Pilzformen

Nicht alle Pilze sehen aus wie unsere Speisepilze, die du sicherlich schon kennst. Es gibt auch winzige Arten, die einen schimmeligen oder schleimigen Belag bilden, zum Beispiel auf Brot oder auf Obst. Viele dieser Pilze sind schädlich und verursachen Krankheiten bei Menschen, Tieren oder Pflanzen. Es gibt aber auch sehr nützliche Pilzarten wie Hefepilze, ohne die man kein Brot backen oder Bier brauen könnte. Manche Pilze spielen auch bei der Käseherstellung eine Rolle, beispielsweise bei Schimmelkäse. Sehr wichtig für medizinische Zwecke ist zum Beispiel der Schimmelpilz Penicillium, aus dem man das Antibiotikum Penicillin gewinnt. Der Arzt setzt es bei bestimmten Krankheiten ein.

Millionen von Sporen

Pilze bilden unglaubliche Mengen an Sporen. Ein einziger Fruchtkörper bringt Tausende, meist sogar Millionen von Sporen hervor! Aus jeder einzelnen Spore kann sich ein Pilz entwickeln, aber nur wenn sie auf einen geeigneten Boden fällt.

Mehl und Hefe brauchst du zum Brotbacken.

Sporen entweichen aus einem Flaschenstäubling.

Wie ernähren sich Pilze?

Pilze müssen die Nährstoffe, die sie brauchen, vom Boden aufnehmen. Sie ernähren sich zum Beispiel von Pflanzenresten, Blättern, totem Holz, aber auch von tierischem Material, wie zum Beispiel Kot, Haaren und toten Krabbeltieren. Pilze setzen Stoffe frei, die dafür sorgen, dass das, wovon sie sich ernähren, verfault.

Kurzlebig

Bei den meisten Pilzen reifen die Fruchtkörper heran, verstreuen ihre Sporen und verschwinden nach wenigen Tagen wieder. Das unterirdische Fadengeflecht – der eigentliche Pilz – kann dagegen jahrzehntelang im Boden weiterleben.

Steinpilz

Merkmale
Der Steinpilz ist ein Röhrenpilz. Er trägt einen hell- bis dunkelbraunen Hut, der bis zu 25 Zentimeter breit werden kann. Die Hutunterseite ist bei jungen Steinpilzen weiß, bei älteren gelblich. Der Hut sitzt auf einem fünf bis 15 Zentimeter langen, oft ziemlich dickbauchigen Stiel. Der Stiel ist etwas heller als der Hut.

Steinpilze wachsen einzeln oder in Gruppen.

Lebensraum
Der Steinpilz wächst von Juli bis Oktober. Du findest ihn hauptsächlich in Nadelwäldern unter Fichten und Kiefern. Auch in Laubwäldern kommt der Steinpilz vor, besonders unter Eichen. Die Pilze stehen einzeln oder in Gruppen.

Toller Speisepilz
Der Steinpilz ist ein bekannter und sehr schmackhafter Speisepilz. Man kann ihn frisch essen, aber auch trocknen und später verwenden.

Champignon

Erkennst du den Ring am Stiel des Champignons?

Merkmale
Den Champignon kennt jeder, vor allem die gekauften Zuchtchampignons. Der Blätterpilz hat einen dickfleischigen weißlichen Hut, der im Alter bräunlich wird. Die Hutunterseite von jungen Pilzen ist leicht rosa, später schokoladenbraun bis schwarz gefärbt. Der ziemlich dünne Stiel wird bis zu zwölf Zentimeter hoch und trägt einen Ring.

Gekaufte Zuchtchampignons vom Markt

Lebensraum
Champignons wachsen von Mai bis Oktober auf Wiesen und Weiden. Man kann ihn leicht mit dem Grünen Knollenblätterpilz und dem Weißen Knollenblätterpilz verwechseln, die beide tödlich giftig sind! Daher solltest du nur gekaufte Champignons essen.

Pfifferling

Der Pfifferling ist ein beliebter Speisepilz.

Merkmale
Der Pfifferling gehört zu den Leistenpilzen. Er hat einen trichterförmigen, oft verbogenen Hut, der blassgelb bis dottergelb sein kann. Die Hutunterseite hat die gleiche Farbe wie die Hutoberseite. Der ebenfalls gelbe Stiel wird oben breiter und geht direkt in den Hut über.

Lebensraum
Pfifferlinge wachsen von Juni bis Oktober in Nadelwäldern meist unter Fichten und Kiefern, in Laubwäldern in der Nähe von Buchen, Eichen und Birken. Man kann sie mit dem Falschen Pfifferling und dem giftigen Leuchtenden Ölbaumpilz verwechseln. Der Pfifferling ist ein bekannter Speisepilz, aber ein wenig schwer verdaulich.

Pfeffergeschmack
Das Fleisch des Pfifferlings schmeckt roh nach Pfeffer. So ist der Pilz zu seinem Namen gekommen.

Flaschenstäubling

Merkmale
Der Flaschenstäubling hat seinen Namen zu Recht erhalten, denn seine Gestalt erinnert an eine Flasche oder an eine Birne, die auf dem Kopf steht. Der zuerst weißliche, später graubräunliche Pilz hat keinen Hut, sondern ist oben kugelig geformt und trägt viele Stacheln. Er wird zwei bis acht Zentimeter hoch und zwei bis fünf Zentimeter breit. Der Flaschenstäubling gehört zu den Bauchpilzen.

Der Flaschenstäubling hat keinen Hut.

Lebensraum
Den Flaschenstäubling findest du von Mai bis November in Laub- und Nadelwäldern, aber auch auf Weiden. Er kommt sehr häufig vor und wächst immer in größeren Gruppen. Solange der Pilz jung ist und weißes Fleisch hat, ist er sehr schmackhaft.

Grüner Knollenblätterpilz

Merkmale
Der Grüne Knollenblätterpilz trägt einen olivgrünen oder grünlich weißen Hut. Die Unterseite ist zuerst weiß und wird später allmählich hellgrün. Anfangs ist der Hut kugelig, später flach ausgebreitet. Er wird vier bis zwölf Zentimeter breit und sitzt auf einem ziemlich dünnen weißlichen bis gelblich grünen Stiel von sechs bis zwölf Zentimetern Länge. Am Grund hat der Stiel eine Knolle – daher stammt auch der Name.

Vorsicht, der Grüne Knollenblätterpilz ist sehr giftig!

Lebensraum
Der Grüne Knollenblätterpilz wächst von Juli bis Oktober hauptsächlich in Laubwäldern, meist unter Eichen und Rotbuchen. Selten kommt er auch in Nadelwäldern vor. Der Pilz ist sehr giftig! Kleinste Mengen können einen Menschen töten, wenn er davon isst. Er wird häufig mit den Champignons verwechselt, obwohl diese immer eine rosafarbene bis braune Hutunterseite haben.

Festmahl für Insekten
Während geringste Mengen von Grünem Knollenblätterpilz für Menschen tödlich sind, stürzen sich Schnecken und Insekten auf die giftigen Pilze und verspeisen sie genüsslich. Das Gift wirkt bei ihnen nicht.

Fliegenpilz

Junger Fliegenpilz mit kugeligem Hut

Merkmale
Du kennst bestimmt den Fliegenpilz mit seinem roten Hut, der voller weißer „Punkte" ist. Diese Punkte sind Reste einer weißen Hülle, die den jungen Pilz umgibt. Nachdem diese Hülle geplatzt ist, bleiben die kleinen weißen Hüllreste auf dem Hut zurück. Der Hut ist anfangs wie eine Halbkugel geformt, später wird er flach. Er sitzt auf einem dünnen, bis zu 20 Zentimeter hohen, weißen Stiel mit einer Knolle am Ende.

Lebensraum
Der giftige Fliegenpilz erscheint von Juni bis Oktober in Laub- und Nadelwäldern. Wenn jemand versehentlich davon gegessen hat, muss er sofort einen Arzt aufsuchen. Früher wurden die roten Hüte in süßer Milch gekocht und zum Anlocken und Betäuben von Fliegen in den Häusern aufgestellt. So ist der Fliegenpilz zu seinem Namen gekommen.

Ältere Fliegenpilze mit flachem Hut

bestimmen

→ Pantherpilz

Merkmale
Der Pantherpilz gehört zu den sehr giftigen Blätterpilzen. Er trägt einen graubraunen bis schwarz bräunlichen Hut mit weißen flockigen Hüllresten. Die Unterseite ist weiß. Der Hut ist anfangs wie eine Halbkugel geformt, später wird er flach. Er sitzt auf einem schlanken weißen Stiel, der bis zu zwölf Zentimeter hoch wird. Am Ende des Stiels befindet sich eine Knolle.

Der Pantherpilz sieht aus wie eine hellere Version des Fliegenpilzes.

Lebensraum
Der ziemlich häufige Pantherpilz wächst von Juli bis Oktober in Nadel- und Laubwäldern. Er ist sehr giftig. Ein Mensch, der davon gegessen hat, braucht sofort ärztliche Hilfe, sonst kann der Verzehr tödlich sein. Er kann mit dem ebenfalls sehr giftigen Perlpilz verwechselt werden.

Verwechslungsgefahr
Der Satanspilz kann leicht mit dem Hexenröhrling verwechselt werden. Dieser Pilz hat ebenfalls eine rote Unterseite, aber einen dunkelbraunen Hut. Außerdem ist der Hexenröhrling gekocht essbar. Du solltest ihn aber trotzdem auf keinen Fall sammeln, weil du aus Versehen doch einen giftigen Satanspilz erwischen könntest!

→ Satanspilz

Merkmale
Der Satanspilz hat einen dicken silbergrauen Hut mit einem grünlichen Schimmer. Die Unterseite des Hutes ist bei reifen Pilzen blutrot. Der stark bauchige Stiel wird fünf bis zwölf Zentimeter lang. Er ist gelb und hat ein rotes Netzmuster. Der Satanspilz hat einen widerlichen, aasartigen Geruch. Das Fleisch ist zuerst weißlich, läuft aber mit der Zeit blau an.

Vorsicht, giftig!

Lebensraum
Du findest diesen ziemlich seltenen, aber sehr giftigen Pilz von Juli bis Oktober in lichten Laubwäldern. Schon kleine Stücke, die man davon gegessen hat, verursachen Erbrechen. Dadurch wird der Körper den Giftpilz schnell los, sodass er nicht tödlich wirkt. Aber man braucht dennoch ärztliche Hilfe.

Du benötigst:
Fertigsubstrat mit Pilzsporen
Deckerde
1 Eimer
Wasser
Lasse dir bei der Anzucht von einem Erwachsenen helfen!

Champignons zu Hause züchten

Champignons sind die bekanntesten Speisepilze. Du kannst sie das ganze Jahr über im Gemüseladen oder Supermarkt kaufen. Aber es macht auch großen Spaß, Pilze zu Hause selbst zu züchten. Ganz einfach geht es mit einem sogenannten Fertigsubstrat, das du in Gärtnereien, über Katalog oder im Internet bestellen kannst. Dabei handelt es sich um eine besondere Erde, die schon Pilzsporen enthält. Oft sieht man schon das weiße Fadengeflecht in der Erde.

Die Champignons sind erntebereit.

1. Standort
Der beste Platz für eine Pilzzucht ist der Keller. Natürlich kannst du die Kiste auch in einem anderen dunklen Raum aufstellen. Nur darf es dort nicht zu kalt oder zu warm sein. Deine Pilze wachsen am besten bei einer Temperatur zwischen 13 und 18 Grad Celsius.

2. Und so geht's
Die Erde mit den Pilzsporen wird meistens in einem Styroporbehälter verschickt. Ein Beutel mit normaler Erde ist auch dabei (Deckerde). Öffne die Kiste und lockere das Fertigsubstrat etwas auf. Dadurch wird das Wachstum der Pilze angeregt. Jetzt schüttest du die Deckerde aus dem Beutel in einen Eimer und gibst so viel Wasser dazu, bis die Erde schön feucht ist. Sie darf aber nicht tropfnass sein! Verteile einen Teil der feuchten Deckerde gleichmäßig über dem Pilzsubstrat (ungefähr drei bis vier Zentimeter hoch). Drücke die Erde nicht an.

3. Wachstum

Nach etwa fünf bis sieben Tagen zeigt sich auf der Erde, besonders an den Seiten, ein grauweißer Schimmelflaum. Diese Stellen bedeckst du mit der restlichen Deckerde. Jetzt musst du deine Pilzkultur regelmäßig anfeuchten. Am besten geht es mit einem Wasserzerstäuber, denn die Erde darf nicht zu nass werden. Nach ungefähr zwei bis drei Wochen erscheinen kleine weiße Pilze. Halte die Kultur weiterhin feucht und dunkel.

Nicht nur Champignons

Fertige Pilzkulturen gibt es natürlich nicht nur von Champignons. Du kannst zum Beispiel auch Austernpilze, Braunkappen und Shiitake-Pilze als Anzuchtpackung kaufen und zu Hause züchten. Bevor du mit der Pilzzucht beginnst, solltest du immer auch die Anleitung, die mitgeschickt wird, gründlich lesen.

4. Ernte

Du kannst deine Champignons in jeder Größe ernten. Aber lasse sie doch etwas größer werden, denn bei größeren Champignons hast du mehr Ertrag. Außerdem haben sie einen besseren Geschmack. Du darfst die Pilze nicht herausziehen, sondern musst sie herausdrehen. Oft entstehen Löcher beim Ernten. Du solltest sie mit etwas feuchter Erde füllen, damit die Champignons gleichmäßig weiterwachsen können. Normalerweise kannst du in Abständen von ein bis zwei Wochen ernten. Bei richtigem Standort und guter Pflege sind drei bis sechs Ernten möglich! Wenn die Champignonernte vorbei ist, kannst du die ganze Erde im Garten oder auf dem Balkon als Dünger verwenden.

Ein Bild aus Pilzsporen

Pilze haben viele winzige Sporen, die sie in der Umgebung verstreuen. Aus diesen Sporen entstehen neue Pilze. Du kannst aber auch ein Kunstwerk aus Pilzsporen schaffen.

Du benötigst:
1 reifen Champignon
1 Küchenmesser
weißen Zeichenkarton
1 größere Schüssel
Haarspray oder Fixierlack

1. Und so geht's
Schneide den Stiel des Pilzes mit einem scharfen Messer vorsichtig ab. Du brauchst nur den Hut. Lege ihn mit der Unterseite auf den Zeichenkarton. Die Sporen befinden sich nämlich auf der Hutunterseite. Jetzt stülpst du die Schüssel über den Pilzhut und lässt das Ganze über Nacht so stehen.

Ein Tipp

Wie wäre es, wenn du für dein Bild mehrere Champignons mit unterschiedlich großen Hüten verwendest? Du kannst die Sporenabdrücke zum Beispiel nebeneinandersetzen. Oder du machst jeden Tag einen Abdruck und legst jeweils einen neuen Pilzhut auf einen „alten" Sporenabdruck, damit die Abdrücke sich überlappen. So entstehen tolle Muster.

2. Ein Kranz aus Sporen
Am nächsten Tag nimmst du den Hut weg. Du wirst sehen, dass die Sporen sich ringförmig auf dem Papier abgesetzt haben. Wenn du den Sporenabdruck mit Haarspray oder Fixierlack besprühst, verrutscht nichts mehr und du kannst das Bild einrahmen und aufhängen.

Lecker kochen mit Pilzen

Mit Pilzen kann man viele leckere Gerichte kochen. Sehr gut schmecken natürlich frische Speisepilze aus dem Wald. Doch wenn man Pilze nicht wirklich gut kennt, sollte man besser mit gekauften Pilzen kochen. Champignons kannst du das ganze Jahr über kaufen und sehr schmackhaft zubereiten, zum Beispiel auf dem Grill. Gegrillte Champignons eignen sich sehr gut als Beilage zu Fleisch oder als vegetarisches Gericht. Lasse dir beim Kochen unbedingt von einem Erwachsenen helfen!

Du benötigst (für 2 Personen):
8 große Champignons
frische Kräuter (Petersilie, Dill, Schnittlauch)
1 Knoblauchzehe
etwa 100 g Butter (Zimmertemperatur)
Salz und Pfeffer

Hmm, lecker – gefüllte Champignons!

Selbst gemachte Kräuterbutter

1. So geht's
Du putzt die Champignons und entfernst die Stiele. Dann hackst du die Kräuter und den Knoblauch ganz fein. Mische die Kräuter und den Knoblauch mit der weichen Butter zu einer Paste und würze sie mit Salz und Pfeffer. Fülle in jeden Pilzhut ungefähr einen Teelöffel von der Kräuterbutter. Die vorbereiteten Champignons werden einzeln in Alufolie eingewickelt und auf den heißen Grill gelegt.

2. Und fertig!
Nach etwa 20 Minuten sind die Champignons fertig. Wenn du mit deiner Familie nicht draußen grillen kannst, dann kannst du die vorbereiteten Champignons auch ganz einfach auf ein Backblech geben (ohne Folie) und sie im Backofen bei 250 Grad goldbraun backen – schmeckt genauso gut!

Pilze putzen

Pilze, auch gekaufte, musst du vor dem Kochen sorgfältig putzen. Du solltest sie aber nicht waschen oder ins Wasser legen. Pilze saugen das Wasser nämlich wie ein Schwamm auf, werden dadurch ganz wässrig und verlieren ihren Geschmack. Pilze reinigst du am besten mit einer Pilzbürste oder einem Pilzpinsel. Du kannst sie auch mit Küchenpapier abreiben. Sind die Pilze sehr erdig, kannst du sie kurz unter fließendem Wasser abrubbeln.

Naturquiz

Wie gut du dich mit unseren heimischen Tieren und Pflanzen auskennst, kannst du bei diesem Wissenstest überprüfen. Die Lösungen findest du auf Seite 153.

1. Wie verbringt der Braunbär die kalte Jahreszeit?
a) Er streift durch die Wälder und sucht nach Nahrung.
b) Er hält eine Winterruhe in einer Fels- oder Erdhöhle.
c) Er schläft tief und fest und wacht erst im Frühjahr auf.

2. Warum suhlen sich Wildschweine im Schlamm?
a) Dadurch gefallen die Männchen den Weibchen besonders gut.
b) Die Fressfeinde nehmen dann ihren Geruch nicht wahr.
c) So befreien sie ihr Fell von Parasiten.

3. Wodurch unterscheiden sich Steinbockmännchen von den Weibchen?
a) Sie haben einen Kinnbart.
b) Die Weibchen tragen keine Hörner.
c) Ihr Fell ist anders gefärbt.

4. In welche Gruppen werden Gräser eingeteilt?
a) Süß- und Bittergräser
b) Süß- und Sauergräser
c) Sauer- und Bittergräser

5. Wo findet die Fotosynthese bei Pflanzen statt?
a) Vor allem in den Blättern
b) Nur in den Wurzeln
c) In den Blütenknospen

6. Mit welcher Pflanze ist der Bärlauch verwandt?
a) Mit Maiglöckchen
b) Mit Tulpen
c) Mit Knoblauch

7. Was ist ein Herbarium?
a) Ein Kräutergarten
b) Eine Sammlung getrockneter Pflanzen
c) Ein Gewächshaus für exotische Pflanzen

8. Welche Bäume wachsen am liebsten in der Nähe von Gewässern?
a) Eichen
b) Buchen
c) Silberweiden

9. Warum brennt und juckt es, wenn du Brennnesseln berührst?
a) Die Blattzellen bilden eine scharfe Flüssigkeit, die bei Berührung freigesetzt wird.
b) Die Blätter haben am Rand Stacheln.
c) Die gesamte Pflanze trägt nadelförmige Haare mit einem Brennsaft.

10. Wodurch unterscheiden sich Blumen, Gräser und Kräuter von Bäumen und Sträuchern?
a) Ihre Stängel verholzen nicht.
b) Sie sind alle einjährig.
c) Sie bilden keine Samen.

11. Warum hat der Marienkäfer kaum Fressfeinde?

a) Er hat einen giftigen Stachel.
b) Er lebt meist in unterirdischen Gängen.
c) Bei Gefahr scheidet er eine übel riechende und bitter schmeckende Flüssigkeit aus.

12. Wo befinden sich die Augen der Schnecken?

a) Mitten auf der Stirn
b) An den Enden der oberen Fühler
c) Schnecken haben keine Augen.

13. Wie finden Zugvögel den richtigen Weg?

a) Im Schnabel befindet sich ein besonderes Organ zur Orientierung.
b) Sie orientieren sich nach dem Vollmond.
c) Sie orientieren sich vor allem an dem Magnetfeld der Erde.

14. Was haben alle Vögel gemeinsam?

a) Sie leben im Wasser.
b) Sie legen Eier.
c) Sie ernähren sich von Pflanzen.

15. Wofür ist der Kuckuck bekannt?

a) Er kann nicht fliegen.
b) Er baut sein Nest auf hohen Bäumen.
c) Er brütet seine Eier nicht selbst aus.

16. Wie wird der Weißstorch noch genannt?

a) Rohrspatz
b) Klapperstorch
c) Stelzengeher

17. Was macht die Zauneidechse bei Gefahr?

a) Sie kriecht ins nächste Erdloch.
b) Sie stellt sich tot.
c) Sie wirft ihren Schwanz ab.

18. Zu welcher Tiergruppe gehört der Bergmolch?

a) Zu den Amphibien
b) Zu den Reptilien
c) Zu den Säugetieren

19. Wie verständigen sich Schweinswale untereinander?

a) Durch laute Pfiffe
b) Durch Klicklaute
c) Schweinswale sind stumm.

20. Zu welcher Tiergruppe gehören die Asseln?

a) Zu den Insekten
b) Zu den Spinnentieren
c) Zu den Krebstieren

21. Warum haben viele Pilze Hüte?

a) Der Hut schützt den Stiel vor Regen.
b) Unter dem Hut werden die Sporen gebildet und aufbewahrt.
c) Der Hut verhindert, dass der Pilz austrocknet.

22. Welcher Pilz ist giftig?

a) Grüner Knollenblätterpilz
b) Flaschenstäubling
c) Steinpilz

Lösungen

1 b), 2 c), 3 a), 4 b), 5 a), 6 c), 7 b), 8 c), 9 c), 10 a), 11 c), 12 b), 13 c), 14 b), 15 c), 16 b), 17 c), 18 a), 19 b), 20 c), 21 b), 22 a)

Glossar

→ Glossar

Antarktis: Die Landmasse am Südpol und die umliegenden Meeresgebiete nennt man Antarktis. Hier ist es immer kalt und fast überall liegt eine dicke Schicht aus Eis und Schnee über der Erde.

Arktis: Die Gegend um den Nordpol herum heißt Arktis. Hier ist es nicht ganz so kalt wie in der Antarktis, viel Eis und Schnee gibt es aber trotzdem.

Barteln: Bartfäden am Maul von manchen Fischen (zum Beispiel Karpfen oder Wels), die als Tast- und Geschmacksorgane dienen.

Bedecktsamer: Pflanzen, bei denen die Samenanlagen im Fruchtknoten eingeschlossen sind. Bedecktsamer werden meist durch Insekten bestäubt. Die meisten Samenpflanzen, darunter auch Laubbäume, sind Bedecktsamer.

Blattgrün: Ein grüner Farbstoff in den Zellen von Pflanzen, der die Fotosynthese ermöglicht.

Blütenstand: Der Teil einer Pflanze, in dem mehrere Blüten in einer bestimmten Weise gruppiert sind. Je nach Anordnung der Einzelblüten gibt es verschiedene Blütenstände.

Echoortung: Erkennung der Lage von Gegenständen, indem ausgesandte und wieder zurückgeworfene Ultraschallwellen aufgenommen und verarbeitet werden. Fledermäuse orientieren sich so.

Eikokon: Eine Hülle, die das Spinnenweibchen für seine Eier aus Seidenfäden spinnt, damit sie besser geschützt sind.

Facettenaugen: Die Hauptaugen der Insekten, die sich aus vielen Einzelaugen zusammensetzen. Sie können Formen und Farben unterscheiden und auch Bewegungen wahrnehmen.

Fettflosse: Einige Knochenfische haben eine kleine weiche Flosse zwischen der Rücken- und Schwanzflosse – zum Beispiel die Bachforelle.

Flossen: Die Organe, die den Fischen zur Fortbewegung und Steuerung dienen, sind die Flossen. Unterschieden werden die paarweise vorhandenen Brust- und Bauchflossen sowie je eine Rücken-, Schwanz- und Afterflosse.

Fotosynthese: Ein Vorgang, bei dem Pflanzen aus Wasser und Kohlendioxid mithilfe von Blattgrün und Sonnenlicht Zucker und Sauerstoff erzeugen.

Immergrün: Bezeichnung für Pflanzen, die das ganze Jahr ihr grünes Laub tragen.

Kältestarre: Der Zustand, in den wechselwarme Tiere im Winter fallen, wenn die Temperatur der Umgebung so niedrig ist, dass sie nicht mehr aktiv sein können.

Kiemen: Dünne stark durchblutete Atmungsorgane zahlreicher Wassertiere.

Laich: Eier von Tieren (Fischen, Amphibien und Wasserschnecken), die ihre Eier im Wasser ablegen.

Lebend gebärend: Hiermit wird eine Form der Fortpflanzung beschrieben, bei der sich die Jungen vollständig im Bauch der Mutter entwickeln und dann zur Welt kommen. Das ist bei den meisten Säugetieren der Fall.

Nacktsamer: Pflanzen, bei denen die Samenanlagen offen an den Fruchtblättern sitzen. Die Samen werden normalerweise durch den Wind verbreitet. Vor allem Nadelbäume gehören zu den Nacktsamern.

Plankton: Die zumeist winzigen Pflanzen und Tiere, die im Wasser schweben und nicht selbst aktiv schwimmen.

Schallblasen: Dies sind dehnbare Ausstülpungen der Haut bei männlichen Froschlurchen. Die Männchen erzeugen damit ihre Rufe, um ein Weibchen anzulocken. Manche Arten haben zwei Schallblasen an den Mundwinkeln (zum Beispiel der Teichfrosch). Viele Kröten und Laubfrösche besitzen nur eine Schallblase an der Kehle.

Schwimmblase: Bei den meisten Knochenfischen eine Ausstülpung des Vorderdarms, die über den Darm oder die Blutgefäße mit Gasen gefüllt wird. Dank der Schwimmblase können Fische unter Wasser schweben.

Seitenlinienorgan: Fische und einige Amphibien haben ein besonderes Sinnesorgan, mit dem sie Hindernisse, Beute und Feinde wahrnehmen können. Gemeint ist die Seitenlinie, die aus vielen Sinneszellen besteht und normalerweise vom Kopf bis zum Schwanz verläuft.

Subtropen: Die Subtropen grenzen an die Tropen. Die Sommer sind hier trocken und im Winter ist es regnerisch.

Tropen: Die Tropen sind das Gebiet, das nördlich und südlich am Äquator liegt. Hier ist es feucht und heiß und es regnet jeden Tag. Jahreszeiten gibt es hier nicht, das heißt, das Klima ist immer gleich.

Wassertracht: Das „Hochzeitskleid" der Molchmännchen. Typisch für die Wassertracht sind eine auffällige Färbung und ein großer Hautsaum oder Rückenkamm. Sie wird zur Paarungszeit ausgebildet. Das Aussehen der Molche außerhalb der Fortpflanzungszeit, wenn sie sich an Land aufhalten, bezeichnet man als Landtracht. Sie ist viel schlichter und unscheinbarer als die Wassertracht.

Wechselwarm: Bezeichnung für Tiere, deren Körpertemperatur nicht gleichbleibend ist, sondern immer so hoch wie die der Umgebung. Amphibien, Reptilien, Fische und Insekten sind wechselwarm. Lebewesen mit gleichbleibender Körpertemperatur (Säugetiere, Vögel) bezeichnet man als gleichwarm.

Zwitter: Als Zwitter bezeichnet man die Lebewesen, die zugleich männliche und weibliche Geschlechtsorgane besitzen. Viele Schnecken sind Zwitter. Alle Tiere, die sich zufällig begegnen, können sich also gegenseitig befruchten.

Register

Register

→ Bildnachweis

dpa Picture-Alliance, Frankfurt: Okapia KG, Germany 107 m.

www.fotolia.de: alle 4 o. l., 132 o. l.; sonne Fleckl 5 o. r.; arsdigital.de 5 u. l.; Ramona Heim 5, 7, 12 (Kasten); sterneleben 6 o. l.; Florin Capilnean 6, 10, 11, 13, 18 (Kasten); Zlatan Durakovic 7 o. r.; Netzer Johannes 8 o. l.; Yuri Arcurs 8 u. l.; rickbowden 9 o. l., 14 m. r.; Child of nature 9, 14, 16 (Kasten); HAKOpromotion 9, 15, 17 (Kasten); Gerisch 13 o. r.; sykors 13 u.; Ademoeller 14 o. r.; Brigitte Wegner 14 m. l.; iMAGINE 17 o. r.; volff 3 m. u., 19 (Kasten); contrastwerkstatt 19 o. r.; Marzanna Syncerz 19 m. r., 19 u.; sonya etchison 19 m. u.; saied shahinkiya 20 (Kasten); Fotofreundin 21 m. r.; kernel 3 m. l., 21 (Kasten), 136 m.; saskerpics 21 u. r.; Kathrin39 22 m. l.; somenski 22 u. l.; Andreas Osiptschuk 23 (Kasten), 127 o. r.; Igor Zhorov 25 m. l.; Ingo Bartussek 25 u. l.; Rey Kamensky 3–4 (Hirsch Kolumne), 28–45 (Kolumne), 154–158 (Hase Kolumne); Xaver Klaußner 28 m. l.; Eric Isselée 3 o. r., 3 u. r., 4 o. m., 28, 30, 32, 34, 36, 40, 42 (Kasten), 29, 33, 37, 39, 41, 43 (Kasten), 44 o. r., 44 m. r., 45 m. r., 45 u. r., 152 o. r., 153 m. u.; Harald Lange 28 u. r.; thier 29 m. r.; Susan Flashman 30 m. l.; Ronnie Howard 31 o. r.; vchphoto 33 o. l.; fotoreisen.com 36 m. r.; Helmut Gulbins 37 m. l.; Leiftryn 41 o. r.; Yanik Chauvin 43 o. r.; Joachim Neumann 44 u. l., 102 m. l.; Accent 45 o. l.; Marty Kropp 45 m. l., 153 m. o.; 007 3-4 (Vogel Kolumne), 46–61 (Kolumne), 154–158 (Vogel Kolumne); Luiz Gustavo Conte F 46, 47, 49, 51, 53, 55 (Kasten); carmelo milluzzo 52 m. r.; John Sandoy 56 m. r.; UK 58 m. r.; senoldo 59 o. l.; pusti 60 m. l.; Sandra Neumann 60 o. r.; epantha 62 o. r., 77 o. r., 78 m. l.; lidian neeleman 62, 64, 66, 68, 70, 72, 74, 76 (Kasten), 79 m. r., 152 u. r.; Klaus Eppele 63, 65, 67, 69, 71, 73, 75, 78 (Kasten), 75 o. r., 76 o. l., 107 u.; Ramona Marina 64 o. l.; Carrick Jones 65 o. r.; vladimirdavydov 65 u. l.; Heinz Lenz 66 u. l.; BildPix.de 67 o. r.; hjschneider 67 u. r.; M.R. Swadzba 68 m. l.; Michael Tieck 71 m. r.; Dreamy 72 m. l.; julien Scaperrotta 75 m. l.; Undy 75 m. l.; Dmitry Naumov 76 m. l.; lagom 78 u. l.; David Pruter 80, 82, 85, 87, 89, 91 (Kasten); Matthias Krüttgen 81 o. r.; macdivers 81 m. r.; HelleM 81, 83, 86, 88, 90, 93 (Kasten); ANASTASIA PYRYEVA 82 o. l.; brozova o. r.; bernanamoglu 84 m.; Kaiya Rose 84 u.; Jenseman04 85 u.; Malena und Phillip K 86 o.; crisod 86 m.; Czanner 87 o. l., 154 m. l.; Marcel Delfs 89 o. l.; Pyma 90 o. l.; makuba 97, 98, 100, 102, 104, 106, 111 (Kasten), 113 u.,131 m. u.; johann35micronature 98, 101, 103, 105, 108 (Kasten), 155 m. r.; Wolfgang Staib 100 u. r.; Ruhr-Grafik 101 m. l.; DM7 102 u.; Carsten Meyer 103 u. r.; Lida Salatian 104 o. l.; Marianne Mayer 105 o. r.; Markus Hofmann 106 o. l.; ThKatz 107 o.; Bildermehr 108 u.; rotoGraphics112, 116, 118, 120, 127 (Kasten); SyB 114, 154 u. l.; Ewa Brozek 4 m., 114, 117, 118, 126 (Kasten); Anette Linnea Rasmus 116 u. l.; Zauberhut 117 o. r.; kab-vision 117 m. l.; JM Fotografie 118 o.; matka_Wariatka 118 m. l.; Adiasz 119 o.; fabiocorfu 120 o. l.; Tamara Kulikova 122 m. l.; Ella 3 m. r., 122 u. r.; LianeM 123 u.; roadrunner 124 u. l.; Petra Louise 125 o.; Laks 125 m. l.; emer 129 o.; Maria.P. 130 u. r.; Klaus-Peter Adler 3 o. l., 130, 133, 135, 136, 138 (Kasten); Danielle Bonardelle 132 m. l.; Olivier Le Moal 132, 134, 135, 140 (Kasten); Ichbins11 133 o. l.; jacinda richman 136 o.; Christof Lippmann 137 m. r.; odze 138 m. l.; manla 139 u.; Yvonne Bogdanski 140 o. r.; Johanna Mühlbauer 143 m. r.; Uwe Wittbrock 146 u. r.; gradt 151 m. l.; Soyka 152 m. r.; Nina Morozova 152 u. l.; Christian Lück 152 u. m.; Sandra van der Stehen 153 o. l.; Yuri Timofeyev 153 o. r.; marilyn barbone 154 u. r.; Benshot 155 o. l.; Werner Busch 155 u. l.; Klara Viskova 160 (Rahmen); Tino Hemmann 160 m.

www.istockphoto.com: Peter Malsbury 42 o. l.; Andrew Howe 47, 48, 50, 52, , 54, 56, 60 (Kasten); Andy Gehrig 48 o. m.; ranplett 48 m. r.; MGJdeWit 85 o.; simbolis 85 m.; Lingbeek 91 o. r.; Merbe 102 o. r.; kkgas 148 m. l.; Shirinov 151m. r.; Jolanta Dabrowska 152 m. l.

www.shutterstock.com: Andy Heyward 83 u. r.; Joy Prescott 93 m. l.; Anastasiya Igolkina 94 o.; Melanie DeFazio 108 o. l.; Chee-Onn Leong 115 m.; Loskutnikov 116 m. l.; valdis torms126 m.; Lars Kastilan 126 u. l.; gcpics 141 o. r.; andersphoto142, 143, 145, 147, 149, 151 (Kasten), 148 m. l., 149 m. l., 150 m. l., 153 u. m.; Tobik143 o.; wacpan 3 u. l., 143, 144, 146, 150 (Kasten); blinow61 145 o. l.; Sandra Caldwell 151 (Kräuter); Kirsanov154 o. r.

www.pixelio.de: Dieter Haugk 6 m. r., 10 m. r., 23 m. r., 35 m. r., 50 u. r., 51 m. r., 88 m. l.; Sarah C. 6 u.; Karl Dichtler 10 o. r.; Ulrich Velten 10 m. l.; Rosel Eckstein 11 o. l., 70 m. l., 131 o. l.; Frank Hollenbach 11 m. r., 68 m. r., 74 m. r.; Luise 12 o. l., 134 o. r.; Domino 12 m. r.; berggeist007 12 m. l.; Ernst Rose 13 m. l., 55 m. r., 88 o. r.; RainerSturm 15 o. l., 116 o. m., 144 m. r.; Angelina Ströbel 20 o. r.; Annamartha 20 m., 129 u.; Christin Klein 20 u. l.; Niko Korte 21 o. r.; Kurt F. Domnik 21 m. l., 34 o. r., 141 o. l.; Kurt Michel 22 o. r.; Anne Neumann 22 u. r.; Holger Gräbner 23 o. r.; Anneliese Haas 23 m. l.; uschi dreiucker 23 u. r., 141 m. r.; Juana Kreßner 25 m. r.; Angelika Wolter 25 m. u., 51 m. l., 51 u. l., 142 m. l.; Alfred Borchard 28 o. r.; Simone Hainz 29 o. r.; joakant 29 u. r.; Helga Schmadel 30 o. r., 54 u. r.; Templermeister 31 m. l., 32 o. l., 84 o., 123 o.; Ibefisch 33 m. r., 126 m. l.; Johann 34 m. l.; Erika Hartmann 35 m. l., 63 u. l.; Friedrich Frühling 39 u.; filorosso.eu - Manfred Gerber 40 m. l.; Thost 40 o. r.; Markus Barbey 41 u.; s.kunka 42 m. r.; F.H.M. 42 m. l.; Webmonteur 43 u. l.; tokamuwi 46 o. r.; Günther Alois 46 u. r.; england_is_great 47 o. r.; Rita Gäbel 47 m. l.; Klaus-Uwe Pacyna 47 m. r.; Raphael Reischuk 48 u.; Rowdy2008 49 o. l.; Birgit Winter 49 m. r.; Harry Hautumm 49 u. l., 141 u. r.; Petra Hegewald 50 m. l.; Re.Ko. 52 o. r.; Jasmin Jandera 53 m. l.; www.JenaFoto24.de 53 o. r.; Peashooter 54 m. r., 57 m. r., 63 m. l.; Péronne vd Ham 55 o. l.; Jürgen Hüsmert 55 o. r.; Hans Peter Dehn 56 o. l.; Daniel Litzinger 56 u. r.; Janine Vlach 57 u. m.; Birgit Lang 62 u. r.; JPW.Peters 63 m. r., 71 o. l., 71 m. l.; Erich Keppler 64 m. r., 134 o. l.; Rita Köhler 66 o. r.; Marina Großmann 66 m. r.; Hans Snoek - www.hs-buch.de 67 m. l.; Micheal Wittstock 69 m. l.; Sperrling 69 o. r.; derLord 70 m. r.; Henry Keßler 72 o. r.; M. Großmann 73 m. r., 124 m.; Miroslaw 74 m. l.; rolibi 78 o. r.; bertl100 81 m. l.; Margit Völtz 82 u.; Melle Regi 89 o. r.; Sylwia Schreck 90 u. r.; x-ray-andi 91 o. l.; CvS 95 u. r.; Thomas Schubert 97 u. r.; Dagmar Zechel 98 m. r., 155 m. l.; Simone 98 m. l.; Jan Wattjes 100 m. l.; wandersmann 105 o. l.; Albrecht E. Arnold 106 m. r.; Kurt F. Domnik 112 m. r.; Siegfried Bellach 113 o.; Günther Schad 113 m.; chrger 115 o. r.; Martin Rehseil 115 u.; knipseline 116 o. r., 122 o. l.; anavanz 118 m. r.; Tina Engler 119 m. r.; Cornerstone 119 u. l.; Maja Dumat 121 l.; Ina Mitschke 121 o. r.; Steffi Pelz 122 o. r.; Karl Strebl 123 m.; Regine Schröter 128 m. r.; Uta von Lühmann 129 m.; Gabi Schoenemann 130 o. l.; Grey 59 o. r., 131 m. l.; Gabriele Planthaber m. o. l.; hoerfunkerin 131 m. o. r.; Dorothea Jacob 131 u. l.; Lutz Stallknecht 131 u. r.; Bettina Stolze 132 m. r.; Bernd Peters 133 o. r.; Daniel Bleyenberg 133 m. l.; Thomas Meinert 134 u. l.; Konstanze Moos 139 o. r., 140 o. l.; Sabine Weiße 140 m. l.; nature.picture 141 m. l.; Kurt m..; G·punkt 144 o.; Torsten Rempt 144 m. l., 146 m.; Lilo Kapp 146 o.; Susanne Schmich 147 m. r.

Sonstige: Urheber: Pinkman, Lizenz: cc-by-sa 7 u. l.; Urheber: katanski, Lizenz: cc-by-sa 11 m. l.; Urheber: Jan Frode Haugseth, Lizenz: cc-by-sa 15 m. r.; Urheber: Björn Schulz, Lizenz: cc-by-sa 20 m. r.; Urheber: Thomas Then, Lizenz: cc-by-sa 32 m. r.; Urheber: Drahkrub, Lizenz: cc-by-sa 36 o. l.; Urheber: AVampireTear, Lizenz: cc-by-sa 37 o. r.; Urheber: André Karwath aka Aka, Lizenz: cc-by-sa 64 u. l.; Urheber: NPS photo – Bill Eichenlaub, Lizenz: cc-by-sa 80 o. r.; Urbeber: Jose Luis Cernadas Iglesias, Lizenz: cc-by-sa 80 m. l.; Urheber: Olaf Nies, Lizenz:cc-by-sa 80 m. r.; Michael Joachim Lucke 83 m.; Urheber: MdE (de), Lizenz: cc-by-sa 87 m. r.; Urheber: Christian Fischer, Lizenz: cc-by-sa 97 o.; Urheber: Waugsberg, Lizenz: cc-by-sa 97 u. l.; Urheber: Patrick Coin, Lizenz: cc-by-sa 98 o. l., 101 o. r.; Urheber: Zsolt BARNA, Lizenz: cc-by-sa 100 o. l.; Urheber: Christian R. Linder, Lizenz:cc-by-sa 103 o.; Urheber: Stefan Petri, Lizenz: cc-by-sa 104 m. r.; Urheber: Dontworry, Lizenz: cc-by-sa 112 o. l.; Urheber: Claus Ableiter, Lizenz: cc-by-sa 112 u. l.; Urheber: Crusier, Lizenz: cc-by-sa 120 m.; Urheber: Rasbak, Lizenz: cc-by-sa 135 o. l.; Urheber: Fornax, Lizenz: cc-by-sa 135 m. r.; Urheber: Daniel Ullrich, Threedots, Lizenz: cc-by-sa 145 m.; Urheber: ccfarmer, Lizenz: cc-by-sa 147 m. l.

Survival-Pass

Gratulation!

Du bist nun der unangefochtene Natur-Kenner und bestens für alle Outdoor-Unternehmungen gewappnet!

Trage hier deinen Namen ein.